智能制造关键技术
与工业应用丛书

移动机器人系统：从理论到实践

Mobile Robot Systems: From Theory to Practice

姚建涛　刘晓飞　丰宗强　编著

化学工业出版社

·北京·

内 容 简 介

移动机器人系统是一种能在复杂环境下工作，具备自行组织、自主运行、自主规划能力的智能机器人系统，其融合了计算机技术、信息技术、通信技术、微电子技术和机器人技术等。

本书以移动机器人系统为核心，从不同角度分别论述了移动机器人的基础建模与控制理论、移动机器人系统的机械设计与系统开发，以及移动机器人系统的案例分析与研究实践等内容。通过理论分析、系统设计与实践开发相结合的方式，系统性地阐述了移动机器人系统的关键技术。

本书将理论与实践紧密结合，内容深入浅出，具有较强的实践应用性。本书可为移动机器人系统相关领域的研究与技术人员提供丰富的建模理论、设计方法与分析案例，也可作为机械电子工程类相关专业的高年级本科生与研究生的教学参考书。

图书在版编目（CIP）数据

移动机器人系统：从理论到实践/姚建涛，刘晓飞，丰宗强编著．—北京：化学工业出版社，2024.3（2024.11重印）
（智能制造关键技术与工业应用丛书）
ISBN 978-7-122-44615-2

Ⅰ.①移…　Ⅱ.①姚…②刘…③丰…　Ⅲ.①移动式机器人　Ⅳ.①TP242

中国国家版本馆 CIP 数据核字（2023）第 251034 号

责任编辑：张海丽　　　　　　　　　　文字编辑：温潇潇
责任校对：杜杏然　　　　　　　　　　装帧设计：王晓宇

出版发行：化学工业出版社（北京市东城区青年湖南街 13 号　邮政编码 100011）
印　　装：北京盛通数码印刷有限公司
710mm×1000mm　1/16　印张 13　字数 241 千字　2024 年 11 月北京第 1 版第 2 次印刷

购书咨询：010-64518888　　　　　　　售后服务：010-64518899
网　　址：http://www.cip.com.cn
凡购买本书，如有缺损质量问题，本社销售中心负责调换。

定　　价：88.00 元

前言

　　移动机器人系统，是一个集环境感知、动态决策、行为控制等多功能于一体的综合系统，能代替人在危险或恶劣环境下进行作业，比一般机器人有更大的机动性和灵活性。它集成了机械工程、传感器技术、电子工程、自动化工程及人工智能等多学科的研究成果，是目前科学技术发展最活跃的领域之一。

　　进入 21 世纪之后，随着机器人技术的不断进步，移动机器人系统的应用范围不断扩展，不仅在工业、农业、医疗、服务等行业中得到广泛应用，而且在城市安全、国防和空间探测等领域得到不断推广。

　　本书从移动机器人的基础建模与控制理论、移动机器人系统的机械设计与系统开发，以及智能机器人系统的案例分析与研究实践等方面，系统性地阐述了移动机器人系统的相关关键技术，希望能够为相关领域内学习和研究移动机器人技术的人员提供丰富的分析设计方法与借鉴案例。

　　本书共包括理论篇、应用篇和实践篇三部分内容。

　　理论篇主要围绕移动机器人的运动建模、控制算法设计与应用等基础理论展开，从数学建模与分析的角度阐述移动机器人的关键理论，并针对几种典型移动机器人的控制算法进行设计与分析，以便读者能从理论层面更深入地理解移动机器人的运动控制方法。本篇的内容主要包括移动机器人的运动建模、线性系统状态控制、机器人控制器设计、典型移动机器人建模与反馈控制、典型移动机器人的无模型控制等。

　　应用篇主要围绕移动机器人的机械系统设计、控制系统搭建等应用设计展开，从系统设计与开发的角度阐述移动机器人的关键技术，并针对移动机器人系统中几种常用元器件进行详细分析说明，以便读者能够更好地理解和掌握移动机器人系统的设计方法。本篇的主要内容包括移动底盘机械系统设计、操作执行装置系统设计、移动机器人常用驱动电机、移动机器人传感检测系统、移动机器人通信系统等。

实践篇主要围绕几种典型的移动机器人应用案例展开,从案例分析与研究的角度阐述移动机器人的实践应用,其中包括本书作者亲自参与完成的移动机器人案例,以便读者能够系统性地理解移动机器人的相关理论与设计方法。本篇的主要内容包括轮式全向移动机器人系统分析、仿生步行机器人系统分析、消防救援机器人系统设计与分析等。

感谢在本书编写过程中给予帮助的燕山大学机械学院机械电子工程系的各位老师和同学们,若没有你们的辛苦付出,作者难以完成本书的撰写。感谢机器时代(北京)科技有限公司提供的各种移动机器人素材,为本书的撰写提供了大量的设计与分析案例。感谢在本书编写过程中给予帮助的所有人员。

限于作者经验与水平,书中难免有不足之处,敬请各位读者批评指正。

编著者

目录

理论篇　移动机器人基础理论

第1章

机器人运动建模

机器人运动建模的本质是建立机器人在空间中的运动状态描述。本章主要介绍一种用于描述机器人在三维空间中运动状态的方法，并使读者获得一些关于机器人建模的有用经验。这里涉及一些欧几里得几何中的重要概念，而这些概念在移动机器人学中也是十分重要的。

1.1　旋转矩阵

实现机器人的三维建模，首先需要对机器人的位置和姿态进行描述。

对于空间中一点 p，如图 1-1 所示，在空间坐标系 $\{R_0\}$ 中的坐标为 $({}^0p_x, {}^0p_y, {}^0p_z)$，可以用向量的形式表示为

$$\boldsymbol{p} = {}^0p_x \boldsymbol{i}_0 + {}^0p_y \boldsymbol{j}_0 + {}^0p_z \boldsymbol{k}_0$$

式中，$\boldsymbol{i}_0$、$\boldsymbol{j}_0$、$\boldsymbol{k}_0$ 分别为坐标系 $\{R_0\}$ 中 x、y、z 三个方向的单位方向向量。

假设将坐标系 $\{R_0\}$ 绕原点进行一定的姿态变换，得到新的空间坐标系 $\{R_1\}$，则空间坐标系 $\{R_1\}$ 中的单位方向向量在空间坐标系 $\{R_0\}$ 中的坐标为

$$\begin{cases} \boldsymbol{i}_1 = (r_{11} \quad r_{12} \quad r_{13}) \\ \boldsymbol{j}_1 = (r_{21} \quad r_{22} \quad r_{23}) \\ \boldsymbol{k}_1 = (r_{31} \quad r_{32} \quad r_{33}) \end{cases}$$

或

$$\begin{cases} \boldsymbol{i}_1 = r_{11}\boldsymbol{i}_0 + r_{21}\boldsymbol{j}_0 + r_{31}\boldsymbol{k}_0 \\ \boldsymbol{j}_1 = r_{12}\boldsymbol{i}_0 + r_{22}\boldsymbol{j}_0 + r_{32}\boldsymbol{k}_0 \\ \boldsymbol{k}_1 = r_{13}\boldsymbol{i}_0 + r_{23}\boldsymbol{j}_0 + r_{33}\boldsymbol{k}_0 \end{cases}$$

化为矩阵的形式为

$$\begin{bmatrix} \boldsymbol{i}_1 \\ \boldsymbol{j}_1 \\ \boldsymbol{k}_1 \end{bmatrix} = \begin{bmatrix} r_{11} & r_{21} & r_{31} \\ r_{12} & r_{22} & r_{32} \\ r_{13} & r_{23} & r_{33} \end{bmatrix} \begin{bmatrix} \boldsymbol{i}_0 \\ \boldsymbol{j}_0 \\ \boldsymbol{k}_0 \end{bmatrix}$$

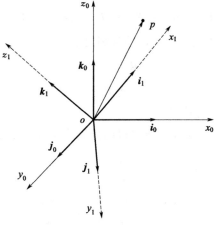

图 1-1 坐标旋转

经过旋转，空间中该点 p 在空间坐标系 $\{R_0\}$ 中的位置变为了在空间坐标系 $\{R_1\}$ 中的位置。p 点在空间坐标系 $\{R_0\}$ 中的坐标为

$$\boldsymbol{p} = {}^1p_x\boldsymbol{i}_1 + {}^1p_y\boldsymbol{j}_1 + {}^1p_z\boldsymbol{k}_1 = \begin{bmatrix} {}^1p_x & {}^1p_y & {}^1p_z \end{bmatrix} \begin{bmatrix} \boldsymbol{i}_1 \\ \boldsymbol{j}_1 \\ \boldsymbol{k}_1 \end{bmatrix}$$

$$= \begin{bmatrix} {}^1p_x & {}^1p_y & {}^1p_z \end{bmatrix} \begin{bmatrix} r_{11} & r_{21} & r_{31} \\ r_{12} & r_{22} & r_{32} \\ r_{13} & r_{23} & r_{33} \end{bmatrix} \begin{bmatrix} \boldsymbol{i}_0 \\ \boldsymbol{j}_0 \\ \boldsymbol{k}_0 \end{bmatrix}$$

即

$$\begin{bmatrix} {}^0p_x \\ {}^0p_y \\ {}^0p_z \end{bmatrix} = \begin{bmatrix} r_{11} & r_{12} & r_{13} \\ r_{21} & r_{22} & r_{23} \\ r_{31} & r_{32} & r_{33} \end{bmatrix} \begin{bmatrix} {}^1p_x \\ {}^1p_y \\ {}^1p_z \end{bmatrix} \tag{1.1}$$

设

$$ {}^0_1\boldsymbol{R} = \begin{bmatrix} r_{11} & r_{12} & r_{13} \\ r_{21} & r_{22} & r_{23} \\ r_{31} & r_{32} & r_{33} \end{bmatrix}$$

为空间点 p 从坐标系 $\{R_1\}$ 向坐标系 $\{R_0\}$ 转换的旋转矩阵，它的三个列矢量

分别为坐标系 $\{R_1\}$ 的单位方向向量在坐标系 $\{R_0\}$ 中的坐标，分别用 ${}_1^0\boldsymbol{R}_i$、${}_1^0\boldsymbol{R}_j$、${}_1^0\boldsymbol{R}_k$ 来表示，可以看出旋转矩阵 ${}_1^0\boldsymbol{R}$ 的各个列矢量都是单位主矢量，且两两之间相互垂直，所以它的 9 个元素满足 6 个约束条件（称正交条件）：

$$
{}_1^0\boldsymbol{R}_i^{\mathrm{T}} \cdot {}_1^0\boldsymbol{R}_i = {}_1^0\boldsymbol{R}_j^{\mathrm{T}} \cdot {}_1^0\boldsymbol{R}_j = {}_1^0\boldsymbol{R}_k^{\mathrm{T}} \cdot {}_1^0\boldsymbol{R}_k = 1
$$

$$
{}_1^0\boldsymbol{R}_i^{\mathrm{T}} \cdot {}_1^0\boldsymbol{R}_j = {}_1^0\boldsymbol{R}_j^{\mathrm{T}} \cdot {}_1^0\boldsymbol{R}_k = {}_1^0\boldsymbol{R}_k^{\mathrm{T}} \cdot {}_1^0\boldsymbol{R}_i = 0
$$

因此，旋转矩阵 ${}_1^0\boldsymbol{R}$ 是正交的，并且满足条件

$$
{}_1^0\boldsymbol{R}^{-1} = {}_1^0\boldsymbol{R}^{\mathrm{T}}
$$

$$
\det{}_1^0\boldsymbol{R} = 1
$$

式中，上标 T 表示矩阵的转置。

由上述的推导过程，很容易能够得到分别绕 x 轴、y 轴、z 轴旋转 θ 角的旋转矩阵，分别为：

$$
\boldsymbol{R}(x,\theta) = \begin{bmatrix} 1 & 0 & 0 \\ 0 & \cos\theta & -\sin\theta \\ 0 & \sin\theta & \cos\theta \end{bmatrix}
$$

$$
\boldsymbol{R}(y,\theta) = \begin{bmatrix} \cos\theta & 0 & \sin\theta \\ 0 & 1 & 0 \\ -\sin\theta & 0 & \cos\theta \end{bmatrix}
$$

$$
\boldsymbol{R}(z,\theta) = \begin{bmatrix} \cos\theta & -\sin\theta & 0 \\ \sin\theta & \cos\theta & 0 \\ 0 & 0 & 1 \end{bmatrix}
$$

这样，就可以利用旋转矩阵实现坐标姿态的变化。

在实际应用当中，旋转矩阵可以通过一个安装在机器人上的精确姿态单元得到。如果该机器人搭载了多普勒计程仪（DVL），它可为机器人返回在坐标系 $\{R_1\}$ 中的相对于地面或者海面的速度向量 $\boldsymbol{v}_1$，那么该机器人相对于参考坐标系 $\{R_0\}$ 的速度向量 $\boldsymbol{v}_0$ 满足：

$$
\boldsymbol{v}_0 \overset{(1.1)}{=} {}_1^0\boldsymbol{R} \cdot \boldsymbol{v}_1
$$

即

$$
\dot{\boldsymbol{p}}(t) = \boldsymbol{R}(t) \cdot \boldsymbol{v}_1(t) \tag{1.2}
$$

这里引入一个旋转向量的概念。对于一个绕 z 轴转动 ψ 角的空间坐标系，可以认为 ψ 是一个依赖于时间变化的角度值，这样可以求得该旋转矩阵以及旋转矩阵对时间 t 的导数，分别为：

$$
\boldsymbol{R}(z,\psi) = \begin{bmatrix} \cos\psi & -\sin\psi & 0 \\ \sin\psi & \cos\psi & 0 \\ 0 & 0 & 1 \end{bmatrix}
$$

$$\dot{\boldsymbol{R}}(z,\psi) = \begin{bmatrix} -\dot{\psi}\sin\psi & -\dot{\psi}\cos\psi & 0 \\ \dot{\psi}\cos\psi & -\dot{\psi}\sin\psi & 0 \\ 0 & 0 & 0 \end{bmatrix}$$

故

$$\dot{\boldsymbol{R}}(z,\psi)\boldsymbol{R}^{\mathrm{T}}(z,\psi) = \begin{bmatrix} 0 & -\dot{\psi} & 0 \\ \dot{\psi} & 0 & 0 \\ 0 & 0 & 0 \end{bmatrix}$$

向量 $\boldsymbol{\omega}_z = \begin{pmatrix} 0 & 0 & \dot{\psi} \end{pmatrix}$ 称为与 $(R,\dot{R})$ 相关的旋转向量，向量 $\boldsymbol{\omega}_z$ 和向量 $\boldsymbol{X}$ $(\boldsymbol{x} \in \mathbb{R}^3)$ 间的向量积定义如下：

$$\boldsymbol{\omega}_z \times \boldsymbol{x} = \begin{bmatrix} 0 \\ 0 \\ \dot{\psi} \end{bmatrix} \times \begin{bmatrix} x_1 \\ x_2 \\ x_3 \end{bmatrix} = \begin{bmatrix} -x_2\dot{\psi} \\ x_1\dot{\psi} \\ 0 \end{bmatrix} = \begin{bmatrix} 0 & -\dot{\psi} & 0 \\ \dot{\psi} & 0 & 0 \\ 0 & 0 & 0 \end{bmatrix}\begin{bmatrix} x_1 \\ x_2 \\ x_3 \end{bmatrix}$$

这样，对于空间中任意姿态的变化，其旋转向量 $\boldsymbol{\omega} = \begin{pmatrix} \omega_x & \omega_y & \omega_z \end{pmatrix}$，定义其反对称矩阵为：

$$Ad(\omega) \stackrel{\mathrm{def}}{\Rightarrow} \begin{bmatrix} 0 & -\omega_z & \omega_y \\ \omega_z & 0 & -\omega_x \\ -\omega_y & \omega_x & 0 \end{bmatrix}$$

满足：

$$\boldsymbol{\omega} \times \boldsymbol{x} = [\dot{\boldsymbol{R}}(\psi,\theta,\varphi)\boldsymbol{R}^{\mathrm{T}}(\psi,\theta,\varphi)]\boldsymbol{x}$$

其中

$$[\dot{\boldsymbol{R}}(\psi,\theta,\varphi)\boldsymbol{R}^{\mathrm{T}}(\psi,\theta,\varphi)] = \begin{bmatrix} 0 & -\omega_z & \omega_y \\ \omega_z & 0 & -\omega_x \\ -\omega_y & \omega_x & 0 \end{bmatrix} \tag{1.3}$$

则

$$\boldsymbol{\omega} = Ad^{-1}[\dot{\boldsymbol{R}}(\psi,\theta,\varphi)\boldsymbol{R}^{\mathrm{T}}(\psi,\theta,\varphi)] \tag{1.4}$$

补充 1：

如果 $\boldsymbol{R}$ 是 $\mathbb{R}^3$ 内的一个旋转矩阵，同时 $\boldsymbol{a}$ 为 $\mathbb{R}^3$ 内的一个向量，则有

$$Ad(\boldsymbol{R} \cdot \boldsymbol{a}) = \boldsymbol{R} \cdot Ad(\boldsymbol{a}) \cdot \boldsymbol{R}^{\mathrm{T}} \tag{1.5}$$

证明：令 $\boldsymbol{x}$ 为 $\mathbb{R}^3$ 内的一个向量，则有：

$$Ad(\boldsymbol{R} \cdot \boldsymbol{a}) \cdot \boldsymbol{x} = (\boldsymbol{R} \cdot \boldsymbol{a}) \times \boldsymbol{a} = (\boldsymbol{R} \cdot \boldsymbol{a}) \times (\boldsymbol{R} \cdot \boldsymbol{R}^{\mathrm{T}}\boldsymbol{x})$$
$$= \boldsymbol{R} \cdot (\boldsymbol{a} \times \boldsymbol{R}^{\mathrm{T}} \cdot \boldsymbol{x}) = \boldsymbol{R} \cdot Ad(\boldsymbol{a}) \cdot \boldsymbol{R}^{\mathrm{T}} \cdot \boldsymbol{x}$$

补充 2（对偶性）：

有如下关系：

$$R^{\mathrm{T}}\dot{R}=Ad(R^{\mathrm{T}}\omega) \tag{1.6}$$

上式表达了一个事实，即 $R^{\mathrm{T}}\dot{R}$ 是与旋转矩阵 ω 相关的，但是表示在与 R 相关的坐标系内时，是与 $R(t)$ 相关的；而表示在标准基坐标系内时，$\dot{R}\cdot R^{\mathrm{T}}$ 是与同一个向量相关的。

证明： 如下式

$$R^{\mathrm{T}}\dot{R}=R^{\mathrm{T}}(\dot{R}\cdot R^{\mathrm{T}})R \overset{(1.4)}{=} R^{\mathrm{T}}\cdot Ad(\omega)\cdot R \overset{(1.5)}{=} Ad(R^{\mathrm{T}}\omega)$$

1.2 欧拉角

前面了解到旋转矩阵 R 中 9 个元素满足 6 个约束条件，也就是说只有 3 个元素是独立的，因此对于姿态仅仅需要 3 个参数就可以描述了。本节将利用欧拉角来描述空间中刚体姿态的变化。

空间中的任意旋转矩阵可以用以下 3 个矩阵的内积的形式来表示：

$$R(\psi,\theta,\varphi)=\underbrace{\begin{bmatrix} \cos\psi & -\sin\psi & 0 \\ \sin\psi & \cos\psi & 0 \\ 0 & 0 & 1 \end{bmatrix}}_{R_\psi}\underbrace{\begin{bmatrix} \cos\theta & 0 & \sin\theta \\ 0 & 1 & 0 \\ -\sin\theta & 0 & \cos\theta \end{bmatrix}}_{R_\theta}\underbrace{\begin{bmatrix} 1 & 0 & 0 \\ 0 & \cos\varphi & -\sin\varphi \\ 0 & \sin\varphi & \cos\varphi \end{bmatrix}}_{R_\varphi}$$

其合并形式为：

$$\begin{bmatrix} \underbrace{\begin{matrix}\cos\theta\cos\psi\\\cos\theta\sin\psi\\-\sin\theta\end{matrix}}_{{}_B^A R_i} & \underbrace{\begin{matrix}-\cos\varphi\sin\psi+\sin\theta\cos\psi\sin\varphi\\\cos\psi\cos\varphi+\sin\theta\sin\psi\sin\varphi\\\cos\theta\sin\varphi\end{matrix}}_{{}_B^A R_j} & \underbrace{\begin{matrix}\sin\psi\sin\varphi+\sin\theta\cos\psi\cos\varphi\\-\cos\psi\sin\varphi+\sin\theta\cos\varphi\sin\psi\\\cos\theta\cos\varphi\end{matrix}}_{{}_B^A R_k} \end{bmatrix} \tag{1.7}$$

角度 ψ、θ、φ 就是欧拉角，可将其分别称为进动角、章动角和自转角。而偏航角、俯仰角和横滚角则是一组常用术语，分别对应于进动角、章动角和自转角。图 1-2 为坐标系 $\{B\}$ 沿欧拉角转动的情况。用欧拉角描述坐标系 $\{B\}$ 方位的法则如下：最初坐标系 $\{B\}$ 与参考系 $\{A\}$ 重合，首先使 $\{B\}$ 绕 z_B 转 ψ 角，然后绕 y_B 转 θ 角，最后绕 x_B 转 φ 角。

当给定一个旋转矩阵 R，根据式（1.7）很容易解出这三个欧拉角，其公式如下：

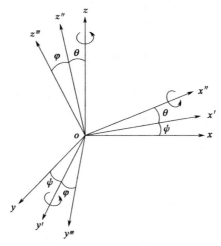

图 1-2　欧拉角

$$\begin{cases} -\sin\theta = r_{31} \\ \cos\theta\sin\varphi = r_{32} \quad \cos\theta\cos\varphi = r_{33} \\ \cos\theta\cos\psi = r_{11} \quad \cos\theta\sin\psi = r_{21} \end{cases}$$

通过限定其取值范围 $\theta \in \left[-\dfrac{\pi}{2},\ \dfrac{\pi}{2} \right]$，$\varphi \in \left[-\pi,\ \pi \right]$，$\psi \in \left[-\pi,\ \pi \right]$，可得：

$$\begin{cases} \theta = -\arcsin r_{31} \\ \varphi = \mathrm{atan2}(r_{32}, r_{33}) \\ \psi = \mathrm{atan2}(r_{21}, r_{11}) \end{cases}$$

此处，atan2 是双变量的反正切函数，可由下式定义：

$$\theta = \mathrm{atan2}(y, x) \Leftrightarrow \theta \in [-\pi, \pi] \text{ 且 } \exists r > 0 \quad \text{满足} \quad \begin{cases} x = r\cos\theta \\ y = r\sin\theta \end{cases} \tag{1.8}$$

注意：利用双变换函数 $\mathrm{atan2}(y, x)$ 计算 $\arctan(y/x)$ 的优点在于 x 和 y 能够确定所得角度的象限。例如 $\mathrm{atan2}(-2.0, -2.0) = -135°$，而 $\mathrm{atan2}(2.0, 2.0) = 45°$。利用单变量反正切函数便不能区分这两个角度。由于经常计算 360°范围内的角度，因此规定采用 atan2。双变量反正切函数有时也称为"4 象限反正切"函数，在某些程序库中有所规定。另外，当两个变量均为零时，atan2 不定。

用时间相关的欧拉角将旋转矩阵表示为：

$$\boldsymbol{R}(t) = \boldsymbol{R}\left[\psi(t), \theta(t), \varphi(t) \right]$$

为了在 $\boldsymbol{R}(t)$ 相关的坐标系中表示 $\dot{\boldsymbol{R}}(t)$ 或其等效值 $\dot{\boldsymbol{R}}(t)\boldsymbol{R}^{\mathrm{T}}(t)$，需要对式

(1.7) 逐项求导，但是其计算相当繁琐，此外，还存在所得表达式无法化简的风险。所以对式(1.7) 直接求导不可取，可对下式进行求导。

$$\dot{\boldsymbol{R}}\boldsymbol{R}^{\mathrm{T}} = \frac{\mathrm{d}}{\mathrm{d}t}(\boldsymbol{R}_\psi \cdot \boldsymbol{R}_\theta \cdot \boldsymbol{R}_\varphi) \cdot \boldsymbol{R}_\varphi^{\mathrm{T}} \cdot \boldsymbol{R}_\theta^{\mathrm{T}} \cdot \boldsymbol{R}_\psi^{\mathrm{T}}$$

$$= (\dot{\boldsymbol{R}}_\psi \cdot \boldsymbol{R}_\theta \cdot \boldsymbol{R}_\varphi + \boldsymbol{R}_\psi \cdot \dot{\boldsymbol{R}}_\theta \cdot \boldsymbol{R}_\varphi + \boldsymbol{R}_\psi \cdot \boldsymbol{R}_\theta \cdot \dot{\boldsymbol{R}}_\varphi) \cdot \boldsymbol{R}_\varphi^{\mathrm{T}} \cdot \boldsymbol{R}_\theta^{\mathrm{T}} \cdot \boldsymbol{R}_\psi^{\mathrm{T}}$$

$$= \dot{\boldsymbol{R}}_\psi \cdot \boldsymbol{R}_\psi^{\mathrm{T}} + \boldsymbol{R}_\psi \cdot \dot{\boldsymbol{R}}_\theta \cdot \boldsymbol{R}_\theta^{\mathrm{T}} \cdot \boldsymbol{R}_\psi^{\mathrm{T}} + \boldsymbol{R}_\psi \cdot \boldsymbol{R}_\theta \cdot \dot{\boldsymbol{R}}_\varphi \cdot \boldsymbol{R}_\varphi^{\mathrm{T}} \cdot \boldsymbol{R}_\theta^{\mathrm{T}} \cdot \boldsymbol{R}_\psi^{\mathrm{T}}$$

然后根据式(1.4) 得：

$$\begin{cases} \dot{\boldsymbol{R}}_\psi \boldsymbol{R}_\psi^{\mathrm{T}} = Ad(\dot{\psi}\boldsymbol{k}) = \dot{\psi}Ad(\boldsymbol{k}) \\ \dot{\boldsymbol{R}}_\theta \boldsymbol{R}_\theta^{\mathrm{T}} = Ad(\dot{\theta}\boldsymbol{j}) = \dot{\theta}Ad(\boldsymbol{j}) \\ \dot{\boldsymbol{R}}_\varphi \boldsymbol{R}_\varphi^{\mathrm{T}} = Ad(\dot{\varphi}\boldsymbol{i}) = \dot{\varphi}Ad(\boldsymbol{i}) \end{cases}$$

因此：

$$\dot{\boldsymbol{R}}\boldsymbol{R}^{\mathrm{T}} = \dot{\psi} \cdot Ad(\boldsymbol{k}) + \dot{\theta} \cdot \boldsymbol{R}_\psi \cdot Ad(\boldsymbol{j}) \cdot \boldsymbol{R}_\psi^{\mathrm{T}} + \dot{\varphi} \cdot \boldsymbol{R}_\psi \cdot \boldsymbol{R}_\theta \cdot Ad(\boldsymbol{i}) \cdot \boldsymbol{R}_\theta^{\mathrm{T}} \cdot \boldsymbol{R}_\psi^{\mathrm{T}}$$

$$\overset{(1.5)}{=} \dot{\psi} \cdot Ad(\boldsymbol{k}) + \dot{\theta} \cdot Ad(\boldsymbol{R}_\psi \cdot \boldsymbol{j}) + \dot{\varphi} \cdot Ad(\boldsymbol{R}_\psi \cdot \boldsymbol{R}_\theta \cdot \boldsymbol{i})$$

$$(1.9)$$

注意 $\dot{\boldsymbol{R}}\boldsymbol{R}^{\mathrm{T}}$ 线性依赖于 $(\dot{\psi}, \dot{\theta}, \dot{\varphi})$。

则该刚体相对于坐标系 $\{R_0\}$ 的瞬时旋转向量 $\boldsymbol{\omega}_0$ 可以表示为：

$$\boldsymbol{\omega}_0 \overset{(1.4)}{=} Ad^{-1}(\dot{\boldsymbol{R}} \cdot \boldsymbol{R}^{\mathrm{T}})$$

$$\overset{(1.9)}{=} Ad^{-1}[\dot{\psi} \cdot Ad(\boldsymbol{k}) + \dot{\theta} \cdot Ad(\boldsymbol{R}_\psi \cdot \boldsymbol{j}) + \dot{\varphi} \cdot Ad(\boldsymbol{R}_\psi \cdot \boldsymbol{R}_\theta \cdot \boldsymbol{i})]$$

$$= \dot{\psi} \cdot \boldsymbol{k} + \dot{\theta} \cdot \boldsymbol{R}_\psi \cdot \boldsymbol{j} + \dot{\varphi} \cdot \boldsymbol{R}_\psi \cdot \boldsymbol{R}_\theta \cdot \boldsymbol{i}$$

那么，在坐标系 $\{R_0\}$ 中计算出 $\boldsymbol{k}$、$\boldsymbol{R}_\psi \cdot \boldsymbol{j}$、$\boldsymbol{R}_\psi \cdot \boldsymbol{R}_\theta \cdot \boldsymbol{i}$ 之后，代入得

$$\boldsymbol{\omega}_0 = \dot{\psi} \cdot \begin{bmatrix} 0 \\ 0 \\ 1 \end{bmatrix} + \dot{\theta} \cdot \begin{bmatrix} -\sin\psi \\ \cos\psi \\ 0 \end{bmatrix} + \dot{\varphi} \cdot \begin{bmatrix} \cos\theta\cos\psi \\ \cos\theta\sin\psi \\ -\sin\theta \end{bmatrix}$$

即

$$\boldsymbol{\omega}_0 = \begin{bmatrix} 0 & -\sin\psi & \cos\theta\cos\psi \\ 0 & \cos\psi & \cos\theta\sin\psi \\ 1 & 0 & -\sin\theta \end{bmatrix} \begin{bmatrix} \dot{\psi} \\ \dot{\theta} \\ \dot{\varphi} \end{bmatrix} \tag{1.10}$$

注意，当 $\cos\theta = 0$ 时，该矩阵是个奇异矩阵。因此必须确保不会有等于 $\pm\dfrac{\pi}{2}$ 的俯仰角 θ。

1.3 移动机器人运动学模型

移动机器人运动学模型的构建就是通过现有的、已知的、可测量的量，去求解刚体机器人在某一时刻的运动状态。对于一个移动机器人（飞机、潜艇或轮船）来说，通常可将其视为一个刚体，其输入一般包括切向加速度和角加速度。事实上，这些输入的加速度都是在机器人运动之初所施加的力的解析方程。下面，将运动模型的输入视为切向加速度和角速度，选择这两个加速度为输入的原因就是这些量是直接测量和直接控制的。一个运动模型的状态向量是由向量 $p = (p_x, p_y, p_z)$、三个欧拉角 (ψ, θ, φ) 和速度向量 v_r 组成的，其中向量 $p = (p_x, p_y, p_z)$ 给出了表示在绝对惯性坐标系 $\{R_0\}$ 内的机器人的中心坐标，机器人的速度向量 v_r 则是表示在机器人坐标系当中。该系统的输入有两个：一为表示在机器人坐标系中的机器人中心加速度 $a_r = a_{R1}$；二为表示在机器人坐标系相对于绝对坐标系 $\{R_0\}$ 的旋转向量 $\omega_r = \omega_{R_1/R_2|R_1} = (\omega_x, \omega_y, \omega_z)$。因为机器人可以通过自身的传感器去测量 a 和 ω，所以较为常见的就是将这些量表示在机器人坐标系中。因此第一个状态方程为：

$$\dot{p} = R(\psi, \theta, \varphi) \cdot v_r \tag{1.2}$$

为了表示 v_r，对该方程求导可得：

$$\ddot{p} = \dot{R} \cdot v_r + R \cdot \dot{v}_r$$

其中，$R = R(\psi, \theta, \varphi)$，将其用另一种形式表示为：

$$\dot{v}_r = R^T \cdot \ddot{p} - R^T \dot{R} \cdot v_r = a_r - Ad(\omega_{R_1/R_2|R_1}) \cdot v_r \tag{1.6}$$

因此，可以得到第二个状态方程：

$$\dot{v}_r = a_r - \omega_r \times v_r$$

最后，还需要将 ψ、θ、φ 表示为一个关于状态变量的方程。其关系式如下：

$$\omega_{R_0} = R(\psi, \theta, \varphi) \cdot \omega_{R_1}$$

根据方程（1.10），得：

$$\begin{bmatrix} 0 & -\sin\psi & \cos\theta\cos\psi \\ 0 & \cos\psi & \cos\theta\sin\psi \\ 1 & 0 & -\sin\theta \end{bmatrix} \begin{bmatrix} \dot{\psi} \\ \dot{\theta} \\ \dot{\varphi} \end{bmatrix} = R(\psi, \theta, \varphi) \cdot \omega_r$$

从上式中提取向量 $(\dot{\psi}, \dot{\theta}, \dot{\varphi})$，得到第三个状态方程：

$$\begin{bmatrix} \dot{\psi} \\ \dot{\theta} \\ \dot{\varphi} \end{bmatrix} = \begin{bmatrix} 0 & \dfrac{\sin\varphi}{\cos\theta} & \dfrac{\cos\varphi}{\cos\theta} \\ 0 & \cos\varphi & -\sin\varphi \\ 1 & \tan\theta\sin\varphi & \tan\theta\cos\varphi \end{bmatrix} \cdot \omega_r$$

综合三个状态方程，便可得到该机器人的运动学模型，如下式所示：

$$\begin{cases} \dot{\boldsymbol{p}} = R(\psi, \theta, \varphi) \cdot \boldsymbol{v}_r \\[2mm] \dot{\boldsymbol{v}}_r = \boldsymbol{a}_r - \boldsymbol{\omega}_r \times \boldsymbol{v}_r \\[2mm] \begin{bmatrix} \dot{\psi} \\ \dot{\theta} \\ \dot{\varphi} \end{bmatrix} = \begin{bmatrix} 0 & \dfrac{\sin\varphi}{\cos\theta} & \dfrac{\cos\varphi}{\cos\theta} \\ 0 & \cos\varphi & -\sin\varphi \\ 1 & \tan\theta\sin\varphi & \tan\theta\cos\varphi \end{bmatrix} \cdot \boldsymbol{\omega}_r \end{cases} \tag{1.11}$$

特殊的，在水平面上：对于一个在水平面上运动的机器人，有 $\psi = \theta = 0$。由式(1.11) 可知 $\dot{\psi} = \boldsymbol{\omega}_{r3}$，$\dot{\theta} = \boldsymbol{\omega}_{r2}$，$\dot{\varphi} = \boldsymbol{\omega}_{r1}$。在这种情况下，便有了一个 $\boldsymbol{\omega}_r$ 各分量和欧拉角的微分之间的完美对应关系。

1.4 移动机器人动力学模型

机器人的动力学模型为如下：

$$\dot{\boldsymbol{x}} = f(\boldsymbol{x}, \boldsymbol{u})$$

其中，$\boldsymbol{u}$ 为外力向量（可以控制）。函数 f 包含动力学系数（如质量、惯性矩和摩擦系数等）和几何参数（如长度）。

上节中已经建立了刚性机器人的运动学模型，其输入为切向加速度和角加速度。动力学模型和运动学模型的差别就是需要考虑机器人所受的外力以及其自身的动态特性，其输入为外力。由牛顿第二定律可以知道，加速度和力之间存在确定的函数关系，因此用 $\boldsymbol{F}$ 代表由外力引起的并表示在惯性坐标系中的合外力，m 为机器人的质量，则有

$$m\,\ddot{\boldsymbol{x}} = \boldsymbol{F}$$

该关系是从惯性坐标系中得到的，如果在机器人坐标系中表示，则

$$m\boldsymbol{a}_r = \boldsymbol{R}^{\mathrm{T}} \boldsymbol{F}$$

故

$$\boldsymbol{a}_r = \frac{1}{m} \boldsymbol{R}^{\mathrm{T}} \boldsymbol{F}$$

该切向加速度将代表刚性机器人运动学模型式(1.11) 的一个输入，它是一个关于施加于机器人上的力的代数方程，可以转换为动力学模型的一般形式。

第**2**章

线性系统状态控制

线性控制系统由于可以应用叠加原理，当系统存在几个输入信号时，系统的输出信号等于各个输入信号单独作用于系统时系统的输出信号之和，故与非线性系统相比较而言，线性系统无疑是简单、便于研究的，也因此线性系统控制理论的发展更加完善。本章将从回顾状态空间模型开始，利用反馈方法将非线性系统线性化，并进行线性系统的稳定性分析，为后续线性控制器的设计打下一定的理论基础。

2.1　线性系统的状态空间模型

以传递函数为基础的经典控制理论的数学模型适应当时手工计算的局限，着眼于系统的外部联系，重点为单输入-单输出的线性定常系统。伴随着计算机的发展，以状态空间理论为基础的现代控制理论的数学模型采用状态空间方程，以时域分析为主，着眼于系统的状态及其内部联系，研究的机电控制系统扩展为多输入-多输出的时变系统。

状态方程是由系统输入、输出及状态变量构成的一阶微分方程组，状态变量是足以完全表征系统运动状态的最小个数的一组变量。状态变量相互独立但不唯一。

状态空间方程可表示成

$$\dot{x} = Ax + Bu \quad \text{（状态方程）}$$
$$y = Cx + Du \quad \text{（输出方程）}$$

式中，

$$x = \begin{bmatrix} x_1 & x_2 & \cdots & x_n \end{bmatrix}^{\mathrm{T}} \qquad n \text{ 维状态矢量；}$$

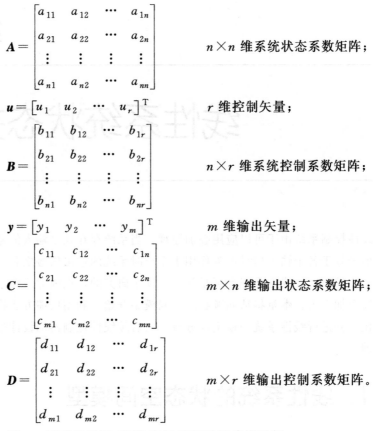

$$A = \begin{bmatrix} a_{11} & a_{12} & \cdots & a_{1n} \\ a_{21} & a_{22} & \cdots & a_{2n} \\ \vdots & \vdots & \vdots & \vdots \\ a_{n1} & a_{n2} & \cdots & a_{nn} \end{bmatrix} \qquad n \times n \text{ 维系统状态系数矩阵;}$$

$$u = \begin{bmatrix} u_1 & u_2 & \cdots & u_r \end{bmatrix}^{\mathrm{T}} \qquad r \text{ 维控制矢量;}$$

$$B = \begin{bmatrix} b_{11} & b_{12} & \cdots & b_{1r} \\ b_{21} & b_{22} & \cdots & b_{2r} \\ \vdots & \vdots & \vdots & \vdots \\ b_{n1} & b_{n2} & \cdots & b_{nr} \end{bmatrix} \qquad n \times r \text{ 维系统控制系数矩阵;}$$

$$y = \begin{bmatrix} y_1 & y_2 & \cdots & y_m \end{bmatrix}^{\mathrm{T}} \qquad m \text{ 维输出矢量;}$$

$$C = \begin{bmatrix} c_{11} & c_{12} & \cdots & c_{1n} \\ c_{21} & c_{22} & \cdots & c_{2n} \\ \vdots & \vdots & \vdots & \vdots \\ c_{m1} & c_{m2} & \cdots & c_{mn} \end{bmatrix} \qquad m \times n \text{ 维输出状态系数矩阵;}$$

$$D = \begin{bmatrix} d_{11} & d_{12} & \cdots & d_{1r} \\ d_{21} & d_{22} & \cdots & d_{2r} \\ \vdots & \vdots & \vdots & \vdots \\ d_{m1} & d_{m2} & \cdots & d_{mr} \end{bmatrix} \qquad m \times r \text{ 维输出控制系数矩阵。}$$

下面对如图 2-1 所示的质量-弹簧-阻尼系统进行建模举例。

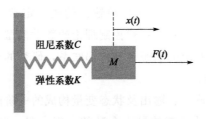

图 2-1　质量-弹簧-阻尼系统

对质量块 M 施加一个向右的力 $F(t)$，假设向右为正方向，位移为 $x(t)$。
由牛顿第二定律得：

$$F(t) - C\dot{x}(t) - Kx(t) = M\ddot{x}(t)$$

这时取状态变量位移 $x_1 = x(t)$，速度 $x_2 = \dot{x}(t)$，输入 $u = F(t)$，故：

$$\dot{x}_1 = \dot{x}(t) = x_2$$

$$\dot{x}_2 = \ddot{x}(t) = \frac{u}{M} - \frac{C}{M}x_2 - \frac{K}{M}x_1$$

写成紧凑的矩阵形式为：

$$\begin{cases} \begin{bmatrix} \dot{x}_1 \\ \dot{x}_2 \end{bmatrix} = \begin{bmatrix} 0 & 1 \\ -\dfrac{K}{M} & -\dfrac{C}{M} \end{bmatrix} \begin{bmatrix} x_1 \\ x_2 \end{bmatrix} + \begin{bmatrix} 0 \\ \dfrac{1}{M} \end{bmatrix} u \\[2em] \boldsymbol{y} = \begin{bmatrix} 1 & 0 \end{bmatrix} \begin{bmatrix} x_1 \\ x_2 \end{bmatrix} + \begin{bmatrix} 0 \end{bmatrix} \begin{bmatrix} u \end{bmatrix} \end{cases}$$

上述矩阵即为该质量-弹簧-阻尼系统的状态空间方程。

2.2　非线性系统的线性化

机器人具有多重旋转能力，可以将其考虑为一个非线性系统。在本节中，将通过引入反馈方法将非线性系统线性化，以约束机器人的状态向量，使机器人沿着一个固定的前向路径运动或保持在其工作空间的指定区域。

在给出反馈线性化之前，先考虑一个引例。如图 2-2 所示单摆，该系统的输入为施加在单摆上的力矩 u。

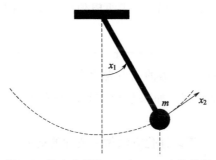

图 2-2　状态向量为 $\boldsymbol{x} = (x_1 \quad x_2)$ 的单摆

为了简单起见，建立一个归一化的模型，即其系数（质量、重力以及长度）设定为 1。

$$\begin{cases} \begin{bmatrix} \dot{x}_1 \\ \dot{x}_2 \end{bmatrix} = \begin{bmatrix} x_2 \\ -\sin x_1 + u \end{bmatrix} \\[1.5em] y = x_1 \end{cases}$$

为了能够使单摆的位置 $x_1(t)$ 与随时间变化的期望位置 $w(t)$ 相同，可以利用一个反馈线性化的方法，得到一个状态反馈控制器，以使误差 $e = w - x_1$ 在 $\exp(-t)$（即设定极点为 -1）处趋近于 0（关于控制器极点的配置将在后续章节中详述）。在此对 y 求导，直至出现输入 u 为止，即：

$$\dot{y} = x_2$$
$$\ddot{y} = -\sin x_1 + u$$

此时可以令

$$u = \sin x_1 + v \tag{2.1}$$

其中，v 对应于新的所谓的中间输入。可以得到：

$$\ddot{y} = v \tag{2.2}$$

由于这样的一个反馈能将非线性系统转化为线性系统，因此将其称为反馈线性化，这时可以用标准的线性方法对该系统进行整定。举例说明，一个比例-微分控制器为：

$$v = (w - y) + 2(\dot{w} - \dot{y}) + (\ddot{w}) = (w - x_1) + 2(\dot{w} - x_2) + \ddot{w}$$

其中，w 为 y 的期望值。值得注意的是，w 可能是依赖于时间的。将该式中的 v 代入式(2.2)，得到：

$$\ddot{y} = (w - x_1) + 2(\dot{w} - x_2) + \ddot{w}$$

则有：

$$e + 2\dot{e} + \ddot{e} = 0$$

其中，$e = w - x_1$ 为单摆的位置与其期望值的误差。因此，式(2.1) 可以表达为：

$$u = \sin x_1 + (w - x_1) + 2(\dot{w} - x_2) + \ddot{w} \tag{2.3}$$

式(2.3) 即为该系统控制器的完整表达式。

对于该非线性系统而言，如果想要实现单摆的角度 x_1 等于 $\sin t$，只需令 $w(t) = \sin t$ 即可。

下面对单摆应用的反馈线性化方法做一般性的概述。对于如下一般的多输入多输出的非线性系统：

$$\begin{cases} \dot{x} = f(x) + g(x)u \\ y = h(x) \end{cases}$$

其中，输入和输出变量的数量都等于 m。

反馈线性化的思想就是利用已知的状态变量构成形如 $u = r(x, v)$ 的输入，从而将非线性系统转化为线性系统，其中 v 为包含期望的 m 维的新输入变量。显然，这种转化需要满足系统的状态易于获取的条件，如果不满足，则需要在非线性的情形下建立一个观测器，这是非常困难的。当所需状态变量易于获取之后，输出 y 将不仅仅是一个输出，同时也是系统输入的相关向量。

为了实现该转化，可以通过对每个 y_i 连续求导，从而能够通过状态变量 x_i 和输入 u_i 来表达各阶导数。即一旦输入变量出现在关于 y 的微分表达式中，便停止求导，如此便得到如下形式的方程：

$$\begin{bmatrix} y_1^{(k_1)} \\ \vdots \\ y_m^{(k_m)} \end{bmatrix} = A(\boldsymbol{x})\boldsymbol{u} + b(\boldsymbol{x}) \qquad (2.4)$$

其中，k_i 为使表达式中出现输入变量的求导阶数。若矩阵 $A(\boldsymbol{x})$ 是可逆的，则该表达式可化为：

$$\boldsymbol{u} = A^{-1}(\boldsymbol{x})[\boldsymbol{v} - b(\boldsymbol{x})] \qquad (2.5)$$

其中，$\boldsymbol{v}$ 为该控制器的输入变量，如图 2-3 所示，通过这种方法便形成了一个 m 输入 m 输出的线性系统：

$$\begin{cases} y_1^{(k_1)} = v_1 \\ \qquad \vdots \\ y_m^{(k_m)} = v_m \end{cases}$$

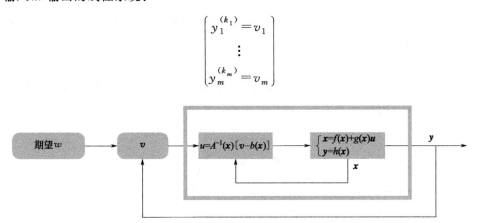

图 2-3　非线性系统线性化

补充：

如果机器人的输入多于必要输入，则将其称为冗余机器人，即 $\dim \boldsymbol{u} > \dim \boldsymbol{y}$。此时，矩阵 $A(\boldsymbol{x})$ 是矩形的。为了应用式(2.5)所示的变换，可使用 Moore-Penrose 广义逆矩阵。如果 $A(\boldsymbol{x})$ 是满秩的，即 $A(\boldsymbol{x})$ 等于 $\dim \boldsymbol{y}$，则该广义逆矩阵为：

$$\boldsymbol{A}^{+} = \boldsymbol{A}^{\mathrm{T}} \cdot (\boldsymbol{A} \cdot \boldsymbol{A}^{\mathrm{T}})^{-1}$$

此时

$$\dim \boldsymbol{v} = \dim \boldsymbol{y} < \dim \boldsymbol{u}$$

此后的处理方式与非冗余机器人相同。

2.3　线性系统的稳定性分析

控制系统在实际应用中，总会受到外界和内部一些因素的扰动，如负载和能量的波动，系统参数的变化和环境条件的改变，等等。如果系统不稳定，就会在比较微小的扰动下偏离原来的运动状态，并随着时间的推移发散。因此，稳定性是控制系统的一项重要指标，分析系统的稳定性并且合理地设计控制器是控制理论的重要组成部分。

在经典控制理论中，有几种对线性定常系统的稳定性判定方法，如劳斯（Routh）判据、奈奎斯特（Nyquist）判据和伯德（Bode）判据等。本节通过对稳定性的直观认识，进一步分析通过系统状态系数矩阵来判断线性系统稳定性的方法。

这里先来叙述一下稳定性的一般说法。对于一个处于平衡位置的物体，假如该物体在偏离平衡位置后的反应不随时间增加，称这种情况是稳定的；特殊地，假如该物体在偏离平衡位置后随时间最终还能够回到平衡位置，称这种情况是渐进稳定的；相反，假如该物体在偏离平衡位置后随时间远离了平衡点，那么称这种情况是不稳定的。

对于图 2-4 所示的小球，实线小球为原位置的小球，虚线小球为移动后的小球，A、B 球所处位置光滑，C 球所处位置具有摩擦。

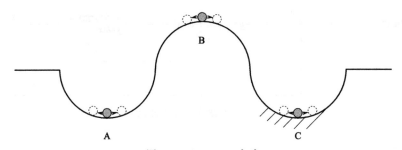

图 2-4　A、B、C 小球

在重力作用下，假定在移动前 A、B、C 三个小球皆处于平衡位置，当三个小球分别经过作用移动后，不难想象，小球 A、C 都不会远离平衡点，这时称小球 A、C 在各自的位置稳定；另外小球 C 所处位置有摩擦，所以小球 C 最后随时间会稳定在平衡位置，所以说小球 C 在该位置是渐进稳定的；而小球 B 将会远离稳定点，那么小球 B 在该位置就是不稳定的。

以上说法其实是不严谨的，这里通过李雅普诺夫（Lyapunov）稳定性定义来深刻认识系统的稳定性。

李雅普诺夫（Lyapunov）稳定性定义：

对于状态空间方程 $\dot{x}=f(x)$，对于平衡点 x，如果存在一个连续函数 V 满足：

$$\lim_{|x|\to\infty} V=\infty$$

$$\dot{V}<0(x\neq0)$$

那么系统将在平衡点 $x=0$ 处稳定，即 $\lim\limits_{t\to\infty}x=0$。

下面对一般系统做稳定性分析。

一般系统的状态空间方程为：

$$\begin{cases} \dot{\boldsymbol{x}}_{n\times1}=\boldsymbol{A}_{n\times n}\boldsymbol{x}_{n\times1}+\boldsymbol{B}_{n\times r}\boldsymbol{u}_{r\times1} \\ \boldsymbol{y}_{m\times1}=\boldsymbol{C}_{m\times n}\boldsymbol{x}_{n\times1}+\boldsymbol{D}_{m\times r}\boldsymbol{u}_{r\times1} \end{cases}$$

令

$$\boldsymbol{u}_{r\times1}=\boldsymbol{k}_{r\times n}\boldsymbol{x}_{n\times1}$$

则状态空间方程化为：

$$\begin{cases} \dot{\boldsymbol{x}}_{n\times1}=\boldsymbol{A}^{*}_{n\times n}\boldsymbol{x}_{n\times1} \\ \boldsymbol{y}_{m\times1}=\boldsymbol{C}^{*}_{m\times n}\boldsymbol{x}_{n\times1} \end{cases}$$

对于这样一个系统，当 $\dot{\boldsymbol{x}}_{n\times1}=\boldsymbol{0}_{n\times1}$，可得其平衡位置位于 $\boldsymbol{x}_{n\times1}=\boldsymbol{0}_{n\times1}$ 处。通过坐标变换矩阵 $\boldsymbol{P}_{n\times n}$ 对 $\dot{\boldsymbol{x}}_{n\times1}=\boldsymbol{A}^{*}_{n\times n}\boldsymbol{x}_{n\times1}$ 进行解耦，令 $\boldsymbol{x}_{n\times1}=\boldsymbol{P}_{n\times n}\boldsymbol{z}_{n\times1}$，其中 $\boldsymbol{P}_{n\times n}$ 是由 $\boldsymbol{A}^{*}_{n\times n}$ 的 n 个特征向量 $\boldsymbol{v}_i$ 组成的变换矩阵，假设其对应的特征值为 λ_i，则式 $\dot{\boldsymbol{x}}_{n\times1}=\boldsymbol{A}^{*}_{n\times n}\boldsymbol{x}_{n\times1}$ 可化为

$$\dot{\boldsymbol{z}}_{n\times1}=\boldsymbol{\Lambda}_{n\times n}\boldsymbol{z}_{n\times1}$$

其中，$\boldsymbol{\Lambda}_{n\times n}$ 是由特征值 λ_i 组成的对角矩阵。

这时

$$\dot{z}_i=\lambda_i z_i \rightarrow z_i=c_i\exp(\lambda_i t)$$

于是只有当特征值 $\lambda_i<0$ 时，z_i 是稳定的，即 x_i 是稳定的。

综上所述，只需通过系统状态系数矩阵的特征值是否小于 0 来判断系统是否稳定。

2.4　线性系统的状态反馈

关于状态反馈，前面章节其实就已经应用到了，例如式（2.5）中的输入 $\boldsymbol{u}$ 就是通过状态变量 $\boldsymbol{x}$ 的反馈来实现的，另外通过图 2-3 也不难看出状态反馈的应用。

下面就线性系统的状态反馈做简要介绍。

图 2-5（a）所示为开环系统。对于这样的一个已知系统，可以看出该系统输出完全由给定的输入决定，那么就决定了，要想使得该输出达到目标输出，就必须人为地实时监测此刻系统的输出状态，从而确定应该增大输入还是减小输入。另外加上系统内部及外部的干扰，实际上想要实现精准的控制非常困难。

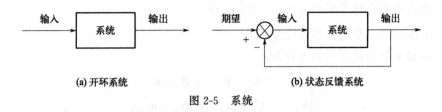

(a) 开环系统　　　　　　　　　　　　(b) 状态反馈系统

图 2-5　系统

　　为了解决上述开环系统的弊端，可以通过引入一个误差 e，来代替人为监测，以实现自动控制的目的。如图 2-5(b) 所示的状态反馈系统，通过令 $e=x_d-x$（其中 x_d 为期望输出，x 为实际输出）来代替输入。当 $x_d>x$，即期望输出大于实际输出时，e 大于 0，系统正输入，实际输出增大，误差 e 减小直至为 0；相反，当 $x_d<x$，即期望输出小于实际输出时，e 小于 0，系统负输入，实际输出减小，误差 e 增大直至为 0。这样就可以利用状态反馈来实现系统的自动控制。

　　当然，在复杂的多输入多输出的线性系统中，状态反馈通常并不是直接将误差 e 作为输入，输入 u 往往是一个关于状态标量 x_i 及期望 x_{di} 的函数，那么怎么确定这个函数，将在第 3 章着重介绍。

第 **3** 章

机器人控制器设计

对于一个控制器的设计而言，一般具有稳定性、快速性和准确性的基本要求。可以通过对控制器极点的配置来协调控制器的稳定性、快速性和准确性，以达到特定系统的优化控制。而系统的可控性和可观测性作为线性系统最基本的概念，对进一步学习现代控制理论，设计控制器，同样提供不小的帮助。

3.1 控制器极点配置

前面第 2 章讲到了线性系统的稳定性分析，需要补充的是，对于一个系统，仅仅实现稳定并不是最终目的，它更像是一个前提条件，重要的是要去研究系统在输入作用下的瞬态反应和稳态误差。关于稳态误差，更像是控制系统跟踪期望的能力，而极点的配置更多的是影响系统的瞬态反应。本节就从极点的配置与瞬态反应的影响关系入手，介绍控制器极点的配置方法。

对于单输入-单输出的线性系统传递函数：

$$G(s) = \frac{X_o(s)}{X_i(s)} = \frac{b_m s^m + b_{m-1} s^{m-1} + \cdots + b_1 s + b_0}{a_n s^n + a_{n-1} s^{n-1} + \cdots + a_1 s + a_0} \quad (n \geqslant m)$$

$$= \frac{b_m s^m + b_{m-1} s^{m-1} + \cdots + b_1 s + b_0}{\prod\limits_{i=1}^{l} (s - p_i) \prod\limits_{k=1}^{r} \left[(s - q_k)^2 + z_k^2 \right]} \quad (n \geqslant m, l + 2r = n)$$

令 $X_i(s) = 0$ 得极点：

$$s = p_i \quad (i = 1, 2, 3, \cdots, l)$$

$$s = q_k \pm j\omega_k \quad (k = 1, 2, 3, \cdots, r)$$

在单位冲激信号的作用下，该系统输出：

$$X_o(s) = G(s)X_o(s) = \frac{b_m s^m + b_{m-1}s^{m-1} + \cdots + b_1 s + b_0}{\prod\limits_{i=1}^{l}(s-p_i)\prod\limits_{k=1}^{r}\left[(s-q_k)^2 + \omega_k^2\right]}$$

若其极点互不相同，则可展开成

$$X_o(s) = \sum_{i=1}^{q}\frac{\alpha_i}{s-p_i} + \sum_{k=1}^{r}\frac{\beta_k(s-q_k)+\gamma_k(\omega_k)}{(s-q_k)^2+(\omega_k)^2}$$

对上式进行拉氏反变换，得时域输出：

$$x_o(t) = \sum_{i=1}^{q}\alpha_j e^{p_i t} + \sum_{k=1}^{r}\left[\beta_k e^{q_k t}\cos(\omega_k t) + \gamma_k e^{q_k t}\sin(\omega_k t)\right]$$

$$= \sum_{i=1}^{q}\alpha_j e^{p_i t} + \sum_{k=1}^{r}C_k e^{q_k t}\sin(\omega_k t + \phi)$$

从输出中可以看出：

当 $\forall\, p_i < 0$，$q_k < 0$ 时，系统稳定，最终随时间收敛于期望值；

当 $\exists\, p_i = 0$，$q_k < 0$ 时，系统稳定，但存在稳态误差；

当 $\exists\, p_i < 0$，$q_k = 0$ 时，系统稳定，但存在定幅值振荡；

当 $\exists\, p_i > 0$，$q_k > 0$ 时，系统发散不稳定。

另外可以看出，当系统稳定，即 $\forall\, p_i < 0$，$q_k < 0$ 时，p_i 与 q_k 越小，系统的收敛速度越快。同 2.3 节稳定性分析做对比，发现系统状态系数矩阵的特征值与系统极点对稳定性有着相同的对应关系，实际上，二者可以实现相互转化。

那么，对于一个给定的系统，又该如何去改变极点的位置呢？下面用根轨迹的方法介绍增益 K 对极点的影响。

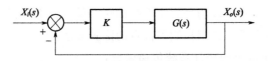

图 3-1　系统中加入增益 K

图 3-1 中系统总的传递函数为：

$$G_B(s) = \frac{KG(s)}{1+KG(s)}$$

系统的特征方程为：

$$1 + KG(s) = 0$$

令 $G(s) = \dfrac{D(s)}{N(s)}$，则上式可化为

$$1 + K\frac{D(s)}{N(s)} = 0$$

当 $K = 0$ 时，特征方程化为

$$N(s) = 0$$

等于原系统极点。

当 $K = \infty$ 时，特征方程化为

$$D(s) = 0$$

等于原系统零点。

因此可以通过修改增益 K 来改变系统的极点，以达到更好的瞬态响应。关于增益 K 对根的具体影响，读者可以自行翻看经典控制理论中的根轨迹方法，这里不再赘述。

这种利用增益来改变极点的方法仅适合简单的线性系统，对于多输入多输出的复杂线性系统，通常采用改变特征方程系数的方法实现。

回顾 2.2 节非线性系统的线性化，当时在引例中设置特征方程系数时默认极点取 -1，以此得到了式（2.3）的系统控制器。下面利用 2.2 节中线性化后的线性系统来回顾特征值的选取。

将式（2.5）代入式（2.4）得到线性化后的系统：

$$\begin{pmatrix} y_1^{(k_1)} = v_1 \\ \vdots \\ y_m^{(k_m)} = v_m \end{pmatrix}$$

对于任意的 $y_i^{(k_i)}$，令

$$y_i^{(k_i)} = v_i = a_0(w_i - y_i) + a_1(\dot{w}_i - \dot{y}_i) + \cdots + a_{k_i-1}(w_i^{(k_i-1)} - y_i^{(k_i-1)}) + w_i^{(k_i)}$$

定义期望值 w_i 与输出 y_i 之间的误差 $e_i = w_i - y_i$，故方程可转化为：

$$e^{(k_i)} + a_{k_i-1}e^{(k_i-1)} + \cdots + a_1\dot{e}_i + a_0 e = 0$$

其特征多项式为：

$$P(s) = s^{k_i} + a_{k_i-1}s^{k_i-1} + \cdots + a_1 s + a_0$$

这时就可以根据需要自由设置特征多项式的根。例如，当 $k_i = 3$ 时，特征多项式为：

$$P(s) = s^3 + a_2 s^2 + a_1 s + a_0$$

这时可设置特征多项式的根为 -1、-2、-2。则有：

$$s^3 + a_2 s^2 + a_1 s + a_0 = (s+1)(s+2)^2 = s^3 + 5s^2 + 8s + 4$$

其中：

$$a_2 = 5, a_1 = 8, a_0 = 4$$

将系数代入原式即可得 v，进而得到系统控制器。

极点的选取当然是越小（极点小于 0，以下不提默认极点小于 0），系统反应越快，但是可以选得非常小吗？实际上并不能，极点选得越小，系统反应越快，

代价就是增大输入的负荷，可能会造成短时间内系统需要一个极大的输入，对硬件要求就会提高。实际在选取极点时会根据需要和现有条件合理选取。

3.2 线性系统的可控性

前面介绍过系统的稳定性，本节和下一节将分别介绍系统的另外两个重要特性，即系统的可控性和可观测性，这两个特性是经典控制理论所没有的。在用传递函数描述的经典控制系统中，输出量一般是可控的和可以被测量的，因而不需要特别地提及可控性及可观测性的概念。可控性与可观测性的概念，是从状态空间描述系统引申出来的新概念，在现代控制理论中起着重要的作用。可控性、可观测性与稳定性是现代控制系统的三大基本特性。

对于一个系统，如果所有状态变量的运动都可以通过有限的控制点的输入来使其由任意的初态达到任意设定的终态，则称系统是可控的，更确切地说是状态可控的；否则，就称系统是不完全可控的，简称为系统不可控。

下面从弹簧小车入手，来谈谈系统的可控性。

对于如图 3-2 所示的小车，假如给 m_1 一个输入 u，很明显可以通过控制 u 的大小，使该小车达到期望的位置 x_1 和速度 $\dot{x}_1$，这说明小车 m_1 是可控的。

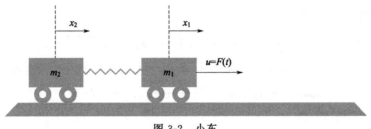

图 3-2 小车

假如在小车 m_1 的左边通过弹簧连接小车 m_2，这时能否仅仅通过控制 u 来同时控制两小车的位置和速度呢？

下面利用离散型的系统推导什么样的系统是可控的。

设该离散型的系统为：

$$x_{k+1} = Ax_k + Bu_k$$

令 $x_0 = 0$，当系统开始发生作用时：

第 1 时刻：$x_1 = Ax_0 + Bu_0 = Bu_0$

第 2 时刻：$x_2 = Ax_1 + Bu_1 = ABu_0 + Bu_1$

第 3 时刻：$x_3 = Ax_2 + Bu_2 = A^2Bu_0 + ABu_1 + Bu_2$

……

第 n 时刻：$x_n = Ax_{n-1} + Bu_{n-1} = A^{n-1}Bu_0 + A^{n-2}Bu_1 + \cdots + ABu_{n-2} + Bu_{n-1}$

第 n 时刻 x_n 化为矩阵形式为：

$$x_n = \begin{bmatrix} B & AB & \cdots & A^{n-1}B \end{bmatrix} \begin{bmatrix} u_{n-1} \\ u_{n-2} \\ \vdots \\ u_0 \end{bmatrix}$$

令 $C_o = \begin{bmatrix} B & AB & \cdots & A^{n-1}B \end{bmatrix}$，$U = \begin{bmatrix} u_{n-1} & u_{n-2} & \cdots & u_0 \end{bmatrix}$

这时，若想让 U 矩阵有解，此时 C_o 矩阵必须满秩。假设 A 是 $n \times n$ 阶矩阵，B 是 $n \times r$ 阶矩阵，则 C_o 矩阵是 $n \times nr$，即若想让 U 矩阵有解，则：

$$\text{Rank}(C_o) = n$$

该公式可以推广到连续性系统，相当于无数个离散系统组成的连续性系统。

现在来回顾本节开始举的例子，假设 $m_1 = m_2 = 1\text{kg}$，$k = 1\text{N/m}$，取 $z_1 = x_1$，$z_2 = \dot{z}_1$，$z_3 = x_2$，$z_4 = \dot{z}_2$，建立该系统的归一化状态空间模型为：

$$\begin{bmatrix} \dot{z}_1 \\ \dot{z}_2 \\ \dot{z}_3 \\ \dot{z}_4 \end{bmatrix} = \begin{bmatrix} 0 & 1 & 0 & 0 \\ -1 & 0 & 1 & 0 \\ 0 & 0 & 0 & 1 \\ 1 & 0 & -1 & 0 \end{bmatrix} \begin{bmatrix} z_1 \\ z_2 \\ z_3 \\ z_4 \end{bmatrix} + \begin{bmatrix} 0 \\ 1 \\ 0 \\ 0 \end{bmatrix} u$$

求得

$$\text{Rank}(C_o) = 4$$

故该系统可控。

值得一提的是，系统的可控性指的是点对点的可控，而轨迹不一定可控。

3.3　线性系统的可观测性

现代控制理论用状态方程和输出方程描述系统，输出和输入构成系统的外部变量，而状态为系统的内部变量。系统就好比是一块集成电路芯片，内部结构可能十分复杂，物理量很多，而外部只有少数几个引脚，对电路内部物理量的控制和观测都只能通过这为数不多的几个引脚进行。这就存在着系统内的所有状态是否都受输入控制和所有状态是否都可以从输出反映出来的问题，这就是可观测性问题。

如果系统所有的状态变量任意形式的运动均可由有限测量点的输出完全确定出来，则称系统是可观测的，简称为系统可观测；反之，则称系统是不完全可观测的，简称为系统不可观测。

在介绍系统的可观测性之前，先来设计一个线性的观测器。

对于如下这样一个状态空间方程：

$$\begin{cases} \dot{x} = Ax + Bu \\ y = Cx + Du \end{cases}$$

既然是观测器，那么系统的状态 x 是未知的，而系统的输入 u 和输出 y 是已知的，观测器的作用就是通过输入 u 和输出 y 来估计系统的状态。

设观测器对系统状态 x 的估计值为 $\hat{x}$，对系统状态 y 的估计值为 $\hat{y}$。

令

$$\dot{\hat{x}} = A\hat{x} + Bu + L(y - \hat{y}) \tag{3.1}$$

其中

$$\hat{y} = C\hat{x} + Du \tag{3.2}$$

将式(3.2) 代入式(3.1) 得：

$$\dot{\hat{x}} = (A - LC)\hat{x} + (B - LD)u + Ly \tag{3.3}$$

式(3.3) 就是观测器，下面选取合适的 L 矩阵使 $\hat{x}$ 稳定于 x。

令误差

$$e = x - \hat{x} \tag{3.4}$$

故

$$\begin{aligned} \dot{e} &= \dot{x} - \dot{\hat{x}} \\ &= Ax + Bu - (A - LC)\hat{x} - (B - LD)u - L(Cx + Du) \\ &= (A - LC)e \end{aligned}$$

根据前面的稳定性判断，若使 e 稳定于 0，故矩阵 $(A - LC)$ 的特征值必须小于 0。这样就可以根据需要选择合适的 L 矩阵。

上面已经设计了一个线性观测器来估计系统的状态，那么，所有的系统都可以设计观测器来观测状态吗？对于上述一般的状态空间方程，假设 A 矩阵是 $n \times n$ 阶，矩阵 C 是 $m \times n$ 阶，令

$$O = \begin{bmatrix} C \\ CA \\ CA^2 \\ \vdots \\ CA^{n-1} \end{bmatrix}$$

因此，O 矩阵是 $nm \times n$ 阶。

而对于线性系统可观测性的条件为：

$$\text{Rank}(O) = n$$

3.4　线性系统的控制器设计

前面已经说过，可控性、可观测性与稳定性是现代控制系统的三大基本特性。本节将结合前面所学内容，对一般的可控可观测但状态未知的线性系统进行控制器的设计。

对于一般的状态空间方程：

$$\begin{cases} \dot{x} = Ax + Bu \\ y = Cx + Du \end{cases}$$

假设该系统可控、可观测，状态变量未知。若要设计该系统控制器，首先要知道系统的状态变量，因此需要先设计该系统的观测器，方法同 3.3 节观测器的设计，由 3.3 节得：

观测器：$\qquad\qquad \dot{\hat{x}} = (A - LC)\hat{x} + (B - LD)u + Ly$ $\qquad\qquad$ (3.5)

方程：$\qquad\qquad\qquad \dot{e} = (A - LC)e$

下面设计控制器：

令控制器：

$$u = -k\hat{x} \qquad\qquad (3.6)$$

则

$$\dot{x} = Ax - Bk\hat{x}$$

通过式（3.4）消去 $\hat{x}$，得控制器的状态空间方程：

$$\dot{x} = (A - Bk)x + Bke$$

联立观测器与控制器的状态空间方程，得

$$\begin{bmatrix} \dot{e} \\ \dot{x} \end{bmatrix} = \begin{bmatrix} A - LC & 0 \\ Bk & A - Bk \end{bmatrix} \begin{bmatrix} e \\ x \end{bmatrix}$$

如此，若要使 e 稳定于 0，x 稳定于 0，故矩阵

$$M = \begin{bmatrix} A - LC & 0 \\ Bk & A - Bk \end{bmatrix}$$

特征值的实数部分必须小于 0，值得注意的是，在设计特征值时要保证观测器的响应比控制器更快，因为需要一个准确的观测值来指导输入。设计合适的参数向量 L、k 后，分别代入式（3.5）和式（3.6）便可得到观测器和控制器。

当然，更多的时候并不需要状态变量 x 稳定于 0，而是期望的 w（定值）。下面对一般的状态空间方程，进行控制器设计（该系统状态变量已知）。

已知

$$\dot{x} = Ax + Bu$$

令

$$e = w - x$$

这时，x 稳定于 w 就等价于 e 稳定于 0。求得

$$\dot{e} = Ae - Bu - Aw \qquad (3.7)$$

这时发现 e 稳定于 w，显然，接下来控制器不仅需要稳定系统，还需要调整平衡点。为了让 e 稳定于 0，需要满足

$$Bu + Aw = Bke$$

上式中，已知 B、A、w、e，未知 u、k，若将 k 当作待定参数，必可得到用 k 表示的控制器：

$$u = f(k) \qquad (3.8)$$

代入式(3.7) 得：

$$\dot{e} = (A - Bk)e$$

这时使 e 稳定于 0 的条件为矩阵 $A - Bk$ 特征值的实部小于 0，故设计合适的 k 值使之满足，将该 k 值代入式(3.8) 即可得到满足条件的控制器。

第**4**章

典型移动机器人建模与
反馈控制

由于机器人的多重旋转能力，可以将其考虑为强非线性系统。本章将着眼于设计非线性控制器，以约束机器人的状态向量，使机器人沿着一个固定的前向路径运动或保持在其工作空间内的指定区域。线性化方法提供了一种通用方法，但是却仅限于在状态空间内某一点的邻域内。与线性方法相比，非线性方法仅适用于有限类型的系统之中，但是这类方法却能扩大系统的有效工作范围。实际上，并没有全局稳定非线性系统的通用性方法，但是却有许多能够应用于特定情况的方法。本章旨在介绍众多具有代表性的理论方法中的一种（而在之后的章节，我们将着眼于更为实用的方法），即反馈线性化，它需要关于机器人的精确可靠的状态机制知识。在此所考虑的机器人均是机械系统，在本章中，均假设系统状态向量是完全已知的。但实际上，必须通过传感器测量值对系统状态向量进行近似计算。

4.1 PID 控制器

PID 控制器（proportional plus integral plus derivative controller，比例积分微分控制器），是由比例单元 P、积分单元 I 和微分单元 D 组成。PID 控制器主要适用于基本线性和动态特性不随时间变化的系统。

PID 控制器是一个在工业控制应用中常见的反馈回路部件。这个控制器把收集到的数据和一个参考值进行比较，然后利用这个差别计算新的输入值，这个新的输入值的作用是可以让系统的数据达到或者保持在参考值。和其他简单的控制运算不同，PID 控制器可以根据历史数据和差别的出现率来调整输入值，这样可以使系统更加准确，更加稳定。可以通过数学的方法证明，在其他控制方法导致系统有稳定误差或过程反复的情况下，一个 PID 反馈回路却可以保持系统的稳定。

PID 控制器是一种可以直观理解的控制器，它是利用期望与实际输出的误差来工作的。PID 控制器中包含三种算法，即比例运算、积分运算和微分运算。比例运算是靠当前误差调节输入的控制方法；积分运算是靠过去误差的累积调节输入的控制方法；微分运算是靠误差的变化率调节输入的控制方法。总结如下：

算法	数学表达	控制内容
比例	$k_P e$	控制当前
积分	$k_I \int e \, dt$	控制过去
微分	$k_D \dot{e}$	控制将来

PID 控制器的表达为：

$$U(s) = \left(k_P + k_I \frac{1}{s} + k_D s\right) E(s)$$

图形化表达如图 4-1 所示。

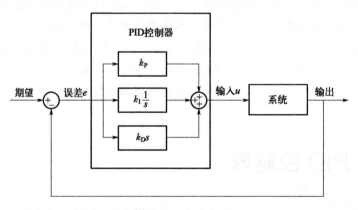

图 4-1　PID 控制器

值得注意的是，在 PID 控制器的微分部分，很少有使用 $k_D s$ 的情况，一般情况下还会再加一个积分项，变为 $k_D \frac{Ns}{s+N} = k_D \frac{N}{1+N\frac{1}{s}}$。这是因为单独的微分项相当于一个高通滤波器，会将高频的噪声信号放大，二者的伯德图对比如图 4-2 所示。

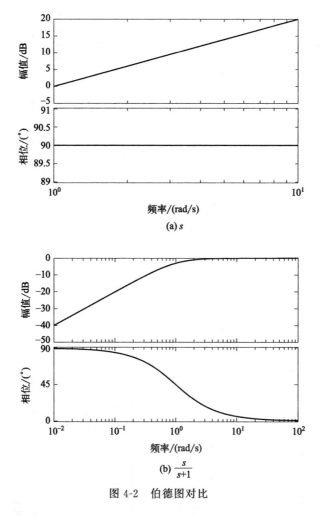

(a) s

(b) $\dfrac{s}{s+1}$

图 4-2　伯德图对比

　　下面从一个例子入手，对比比例（P）控制、PI 控制、PD 控制和 PID 控制各自的优劣。

　　对于一个开环传递函数为 $\dfrac{1}{s^2+s+1}$ 的系统，分别采用比例控制（$k_P=10$）、PI 控制（$k_P=10$、$k_I=5$）、PD 控制（$k_P=10$、$k_D=5$）以及 PID 控制，得到其输出对比，如图 4-3 所示。

　　从 P、PI 对比图可以看出，比例积分控制消除了系统的稳态误差，但是收敛速度较慢；从 P、PD 对比图可以看出，比例微分控制提高了收敛速度，但是并没有消除稳态误差；从 PI、PD 对比图可以清晰地看出二者之间的优劣；从 P、PI、PD、PID 对比图可以看到，PID 控制结合了 PI、PD 控制两者的优点，无论在稳态误差还是收敛速度上都有较好的表现。

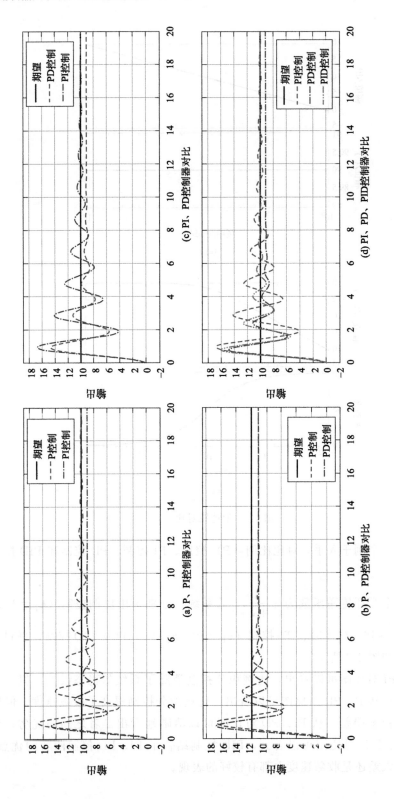

图 4-3 PID 输出对比

4.2　双轮车建模与控制

4.2.1　一阶模型与控制

考虑一个如下状态方程所示的双轮车：

$$\begin{cases} \dot{x} = v\cos\theta \\ \dot{y} = v\sin\theta \\ \dot{\theta} = u_1 \\ \dot{v} = u_2 \end{cases}$$

其中，v 为该双轮车的速度，θ 为其方向，(x, y) 为其质心，则状态向量为 $\boldsymbol{x} = (x, y, \theta, v)$。在此，欲设计一个控制器以描述如下方程所示的一条摆线：

$$\begin{cases} x_d(t) = L_1\cos(\omega_1 t) + L_2\cos(\omega_2 t) \\ y_d(t) = L_1\sin(\omega_1 t) + L_2\sin(\omega_2 t) \end{cases}$$

由状态方程可知该模型为非线性系统，利用反馈线性化方法，可得：

$$\begin{bmatrix} \ddot{x} \\ \ddot{y} \end{bmatrix} = \begin{bmatrix} u_2\cos\theta - u_1 v\sin\theta \\ u_2\sin\theta + u_1 v\cos\theta \end{bmatrix} = \begin{bmatrix} -v\sin\theta & \cos\theta \\ v\cos\theta & \sin\theta \end{bmatrix} \begin{bmatrix} u_1 \\ u_2 \end{bmatrix}$$

令输入

$$\begin{bmatrix} u_1 \\ u_2 \end{bmatrix} = \begin{bmatrix} -v\sin\theta & \cos\theta \\ v\cos\theta & \sin\theta \end{bmatrix}^{-1} \begin{bmatrix} v_1 \\ v_2 \end{bmatrix}$$

将输入代入上式，得如下线性系统：

$$\begin{bmatrix} \ddot{x} \\ \ddot{y} \end{bmatrix} = \begin{bmatrix} v_1 \\ v_2 \end{bmatrix}$$

利用比例微分控制器镇定该系统：

$$\begin{bmatrix} \ddot{x} \\ \ddot{y} \end{bmatrix} = \begin{bmatrix} a_{10}(x_d - x) + a_{11}(\dot{x}_d - \dot{x}) + \ddot{x}_d \\ a_{20}(y_d - y) + a_{21}(\dot{y}_d - \dot{y}) + \ddot{y}_d \end{bmatrix}$$

令误差 $e_x = x_d - x$，$e_y = y_d - y$，则：

$$\begin{bmatrix} a_{10}e_x + a_{11}\dot{e}_x + \ddot{e}_x \\ a_{20}e_y + a_{21}\dot{e}_y + \ddot{e}_y \end{bmatrix} = \begin{bmatrix} 0 \\ 0 \end{bmatrix}$$

特征方程为：

$$\begin{bmatrix} a_{10}+a_{11}s_x+s_x^2 \\ a_{20}+a_{21}s_y+s_y^2 \end{bmatrix}=\begin{bmatrix} 0 \\ 0 \end{bmatrix}$$

将所有的极点配置为 -1，故 $a_{10}=a_{20}=1$，$a_{11}=a_{21}=2$，则：

$$\begin{bmatrix} v_1 \\ v_2 \end{bmatrix}=\begin{bmatrix} (x_d-x)+2(\dot{x}_d-\dot{x})+\ddot{x}_d \\ (y_d-y)+2(\dot{y}_d-\dot{y})+\ddot{y}_d \end{bmatrix}$$

因此，控制器为：

$$\begin{bmatrix} u_1 \\ u_2 \end{bmatrix}=\begin{bmatrix} -v\sin\theta & \cos\theta \\ v\cos\theta & \sin\theta \end{bmatrix}^{-1}\begin{bmatrix} (x_d-x)+2(\dot{x}_d-v\cos\theta)+\ddot{x}_d \\ (y_d-y)+2(\dot{y}_d-v\sin\theta)+\ddot{y}_d \end{bmatrix} \tag{4.1}$$

其中：

$$\dot{x}_d(t)=-L_1\omega_1\sin(\omega_1 t)-L_2\omega_2\sin(\omega_2 t)$$

$$\dot{y}_d(t)=L_1\omega_1\cos(\omega_1 t)+L_2\omega_2\cos(\omega_2 t)$$

$$\ddot{x}_d(t)=-L_1\omega_1^2\cos(\omega_1 t)-L_2\omega_2^2\cos(\omega_2 t)$$

$$\ddot{y}_d(t)=-L_1\omega_1^2\sin(\omega_1 t)-L_2\omega_2^2\sin(\omega_2 t)$$

4.2.2　二阶模型与控制

在处理二阶模型之前，先来了解一下微分延迟矩阵。

前面进行反馈线性化的时候，总是对输出 y 连续求导，直至出现输入 u，这时，我们把为了出现 u_j 而对 y_i 求导的次数 r_{ij} 称为输入 u_j 从输出 y_i 中分离出来的微分延迟，由 r_{ij} 组成的矩阵 R 称为微分延迟矩阵。当仔细浏览这组微分方程时，这个矩阵无须计算便可直接得到（在设计二阶模型控制器时将会应用）。每个输出的相对次数可通过取每一行的最小值得到，让我们通过一个例子加以说明。

$$R=\begin{bmatrix} \mathbf{1} & 2 & 3 \\ \mathbf{2} & \infty & \mathbf{2} \\ 4 & 3 & \mathbf{2} \end{bmatrix}$$

上式中对应系统包括了三个输入变量和三个输出变量以及三个相对次数 $k_1=1$，$k_2=2$，$k_3=2$。如果存在一个 j 满足 $\forall i$，$r_{ij}>k_i$（或矩阵内某一列没有加粗元素），则称矩阵 R 是不平衡的。在该例子中，因为存在一个 $j(j=2)$ 满足 $\forall i$，$r_{ij}>k_i$，所以它是不平衡的。如果矩阵是不平衡的，那么对于所有的 i，均有 $y_i^{(k)}$ 不依赖于 u_j。在这种情况下，$A(x)$ 的第 j 列将为 0，那么矩阵 $A(x)$ 将一直是奇异的，因此，式(2.5) 将没有意义。避免这种情况的一种方法就是在系统之前增加一个或多个积分器而延迟一些输入 u_j。在第 j 个输入之前增加一个积分器也就意味着在 $\boldsymbol{R}$ 的第 j 列上加 1。在本例中，如果在 u_1 之前增加一个积分器，可得：

$$\boldsymbol{R} = \begin{bmatrix} \mathbf{2} & \mathbf{2} & 3 \\ 3 & \infty & \mathbf{2} \\ 5 & 3 & \mathbf{2} \end{bmatrix}$$

则相对次数变成了 $k_1 = 2$，$k_2 = 2$，$k_3 = 2$，同时矩阵 $\boldsymbol{R}$ 也变平衡了。

在此假设双轮车可由如下状态方程描述：

$$\begin{cases} \dot{x} = u_1 \cos\theta \\ \dot{y} = u_1 \sin\theta \\ \dot{\theta} = u_2 \end{cases}$$

选择向量 $\boldsymbol{y} = (x, y)$ 为输出。这时反馈线性化会生成一个奇异的矩阵 $A(\boldsymbol{x})$。正如前面说到的，不用任何计算，仅简单地通过观察如下的微分延迟矩阵便可对其进行预测：

$$\boldsymbol{R} = \begin{bmatrix} \mathbf{1} & 2 \\ \mathbf{1} & 2 \end{bmatrix}$$

该矩阵所包含的一列中的所有元素均不对应于相应行的最小值（换言之，列中没有加粗项）。下面将举例说明如何通过在一些输入变量之前增加积分器以跳出这种情况。例如，在第一个输入之前增加一个积分器，其状态变量由 z 表示。回顾之前所述，在系统的第 j 个输入之前增加一个积分器也就意味着在 $\boldsymbol{R}$ 的第 j 列上加 1，那么矩阵 $\boldsymbol{R}$ 便处于平衡状态，则可得到如下式所示的新系统：

$$\begin{cases} \dot{x} = z\cos\theta \\ \dot{y} = z\sin\theta \\ \dot{\theta} = u_2 \\ \dot{z} = c_1 \end{cases}$$

则有：

$$\begin{cases} \ddot{x} = \dot{z}\cos\theta - z\dot{\theta}\sin\theta = c_1\cos\theta - zu_2\sin\theta \\ \ddot{y} = \dot{z}\sin\theta + z\dot{\theta}\cos\theta = c_1\sin\theta + zu_2\cos\theta \end{cases}$$

换一种形式表示为

$$\begin{bmatrix} \ddot{x} \\ \ddot{y} \end{bmatrix} = \begin{bmatrix} \cos\theta & -z\sin\theta \\ \sin\theta & z\cos\theta \end{bmatrix} \begin{bmatrix} c_1 \\ u_2 \end{bmatrix}$$

以下处理方式同上面一阶模型一样，这里不再赘述。当所有的极点都选取为

—1时，得控制器：

$$\begin{bmatrix} c_1 \\ u_2 \end{bmatrix} = \begin{bmatrix} \cos\theta & \sin\theta \\ -\dfrac{\sin\theta}{z} & \dfrac{\cos\theta}{z} \end{bmatrix} \begin{bmatrix} (x_d - x) + 2(\dot{x}_d - z\cos\theta) + \ddot{x}_d \\ (y_d - y) + 2(\dot{y}_d - z\sin\theta) + \ddot{y}_d \end{bmatrix}$$

因此，控制器的状态方程为：

$$\begin{cases} \dot{z} = (\cos\theta)\left[(x_d - x) + 2(\dot{x}_d - z\cos\theta) + \ddot{x}_d \right] + (\sin\theta)\left[(y_d - y) + 2(\dot{y}_d - z\sin\theta) + \ddot{y}_d \right] \\ u_1 = z \\ u_2 = -\dfrac{\sin\theta}{z}\left[(x_d - x) + 2(\dot{x}_d - z\cos\theta) + \ddot{x}_d \right] + \dfrac{\cos\theta}{z}\left[(y_d - y) + 2(\dot{y}_d - z\sin\theta) + \ddot{y}_d \right] \end{cases}$$

4.3 履带车重心偏移运动学与动力学建模

4.3.1 履带车运动学模型建立

考虑实际情况，履带车重心与形心并不重合，设偏移量为 $[\Delta x, \Delta y]^T$，从而引起一系列的控制方面的问题，如履带两侧受力不均衡，从而导致轨迹偏航等。

履带车重心偏移的转向运动学分析如图 4-4 所示，$\{O\}$ 和 $\{G\}$ 分别为全局坐标系和固接于履带车的局部坐标系，履带车在 $\{O\}$ 中的广义坐标可以表示为：

$$\boldsymbol{x} = [X_C, Y_C, \theta, \theta_l, \theta_r]^T$$

其中，X_C、Y_C 分别表示在 $\{O\}$ 中机器人几何中心的横向位置和纵向位置，θ 表示机器人的航向角，θ_l 和 θ_r 分别表示左右履带带轮的角位移。为方便表示，全局广义坐标可表示为 $\boldsymbol{x} = [x_1, x_2, x_3, x_4, x_5]^T$。

履带车在坐标系 $\{O\}$ 中的几何中心位置可以表示为：

$$[x_1, x_2, x_3]^T = \boldsymbol{R}(x_3)[x_C, y_C, \theta]^T$$

其中，旋转矩阵 $\boldsymbol{R}(x_3) = \begin{bmatrix} cx_3 & -sx_3 & 0 \\ sx_3 & cx_3 & 0 \\ 0 & 0 & 1 \end{bmatrix}$，$[x_C, y_C]^T = [x_1^G, x_2^G]^T$ 表示机器人在 $\{G\}$ 中的几何中心位置。

在局部坐标系 $\{G\}$ 中，机器人几何中心位置为 $[\Delta x, -\Delta y]^T$。机器人几何中心相较于重心的全局偏移量和速度差分别表示为：

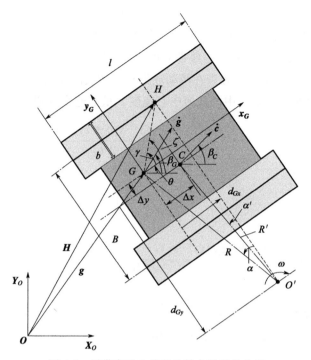

图 4-4　履带车重心偏移的转向运动学分析

$$\begin{bmatrix} \Delta x_1 \\ \Delta x_2 \\ \Delta x_3 \end{bmatrix} = \boldsymbol{R}(x_3) \begin{bmatrix} \Delta x \\ -\Delta y \\ 0 \end{bmatrix} = \begin{bmatrix} \Delta x c x_3 + \Delta y s x_3 \\ \Delta x s x_3 - \Delta y c x_3 \\ 0 \end{bmatrix}$$

$$\begin{bmatrix} \Delta \dot{x}_1 \\ \Delta \dot{x}_2 \\ \Delta \dot{x}_3 \end{bmatrix} = \begin{bmatrix} -\Delta x s x_3 \dot{x}_3 + \Delta y c x_3 \dot{x}_3 \\ \Delta x c x_3 \dot{x}_3 + \Delta y s x_3 \dot{x}_3 \\ 0 \end{bmatrix}$$

所以机器人几何中心的状态量与重心的关系可以分别表示为：

$$\begin{bmatrix} x_1 \\ x_2 \end{bmatrix} = \begin{bmatrix} X_G + \Delta x c x_3 + \Delta y s x_3 \\ Y_G + \Delta x s x_3 - \Delta y c x_3 \end{bmatrix}$$

$$\begin{bmatrix} \dot{x}_1 \\ \dot{x}_2 \end{bmatrix} = \begin{bmatrix} \dot{X}_G - \Delta x s x_3 \dot{x}_3 + \Delta y c q_3 \dot{x}_3 \\ \dot{Y}_G + \Delta x c x_3 \dot{x}_3 + \Delta y s q_3 \dot{x}_3 \end{bmatrix}$$

其中，X_G、Y_G 分别表示在 $\{O\}$ 中机器人重心的横向位置和纵向位置。

机器人的角速度可以表示为（定义逆时针为正）：

$$\dot{x}_3 = \frac{r}{B} [\dot{x}_4 (1 - s_l) - \dot{x}_5 (1 - s_r)]$$

其中，$s_l=(v_l-v_l')/v_l$、$s_r=(v_r-v_r')/v_r$ 分别表示左、右履带的滑差；B 为左、右履带间距；$\dot{x}_4$、$\dot{x}_5$ 分别表示左、右履带带轮的角速度；r 为履带带轮的节圆半径；v_l、v_r 分别为左、右履带的理论行驶速度，由 $\dot{x}_4$、$\dot{x}_5$ 和带轮半径 r 确定；v_l'、v_r' 分别表示左右履带在滑动或滑移时的实际速度。

履带车在坐标系 $\{G\}$ 中的几何中心速度、重心速度分别如下式所示。

$$\begin{cases} \parallel\dot{c}\parallel=\dfrac{v_l'+v_r'}{2c\alpha_C}=\dfrac{r\left[\dot{x}_4(1-s_l)+\dot{x}_5(1-s_r)\right]}{2c\alpha_C} \\[3mm] [\dot{c}]_G=\begin{bmatrix}\dot{x}_C\\\dot{y}_C\end{bmatrix}_G=\begin{bmatrix}\parallel\dot{c}\parallel c\alpha_C\\\parallel\dot{c}\parallel s\alpha_C\end{bmatrix} \end{cases}$$

$$\begin{cases} \parallel\dot{g}\parallel=\dfrac{(B+2\Delta y)(1-s_l)r\dot{x}_4+(B-2\Delta y)(1-s_r)r\dot{x}_5}{2Bc\alpha_G} \\[3mm] [\dot{g}]_G=\begin{bmatrix}\dot{x}_G\\\dot{y}_G\end{bmatrix}_G=\begin{bmatrix}\parallel\dot{g}\parallel c\alpha_G\\\parallel\dot{g}\parallel s\alpha_G\end{bmatrix} \end{cases}$$

其中，$\parallel\ \parallel$ 表示欧几里得范数，$\alpha_C=\arctan(\dot{y}_C/\dot{x}_C)$ 表示履带车几何中心滑移角，$\alpha_G=\arctan(\dot{y}_G/\dot{x}_G)$ 表示履带车的重心滑移角，$[\dot{c}]_G$ 表示履带车几何中心在 $\{G\}$ 中的速度，是由车辆的滑移转向导致的。

从而得到履带车几何中心和重心在 $\{O\}$ 中的速度表达式，如下式所示。

$$\begin{cases} \dot{c}=\begin{bmatrix}\dot{X}_C\\\dot{Y}_C\end{bmatrix}=\dfrac{r}{2}\left[\dot{x}_4(1-s_l)+\dot{x}_5(1-s_r)\right]\begin{bmatrix}cx_3-sx_3t\alpha_C\\sx_3+cx_3t\alpha_C\end{bmatrix} \\[3mm] \dot{g}=\begin{bmatrix}\dot{X}_G\\\dot{Y}_G\end{bmatrix}=\dfrac{(B+2\Delta y)(1-s_l)\dot{x}_4r+(B-2\Delta y)(1-s_r)\dot{x}_5r}{2B}\begin{bmatrix}cx_3-sx_3t\alpha_G\\sx_3+cx_3t\alpha_G\end{bmatrix} \end{cases}$$

几何中心 C 和重心 G 的转弯半径如下式所示。

$$\begin{cases} R_C=\dfrac{\parallel\dot{c}\parallel}{|\dot{x}_3|}=\dfrac{B}{2c\alpha_C}\times\dfrac{\dot{x}_4(1-s_l)+\dot{x}_5(1-s_r)}{\dot{x}_4(1-s_l)-\dot{x}_5(1-s_r)} \\[3mm] R_G=\dfrac{\parallel\dot{g}\parallel}{|\dot{x}_3|}=\dfrac{(B+2\Delta y)\dot{x}_4(1-s_l)+(B-2\Delta y)\dot{x}_5(1-s_r)}{2\left[\dot{x}_4(1-s_l)-\dot{x}_5(1-s_r)\right]c\alpha_G} \end{cases} \tag{4.2}$$

综上，履带车在 $\{O\}$ 中的运动学模型可以表示为（以右转为例）：

$$\begin{cases} \dot{x}_1 = \dfrac{r}{2}\left[\dot{x}_4(1-s_l)+\dot{x}_5(1-s_r)\right](cx_3-sx_3 t\alpha_C) \\[2mm] \dot{x}_2 = \dfrac{r}{2}\left[\dot{x}_4(1-s_l)+\dot{x}_5(1-s_r)\right](sx_3+cx_3 t\alpha_C) \\[2mm] \dot{x}_3 = \dfrac{r}{B}\left[\dot{x}_4(1-s_l)-\dot{x}_5(1-s_r)\right] \end{cases} \tag{4.3}$$

为了进一步确定两种履带车的统一运动学模型，需要考虑其运动过程中的非完整约束。如图 4-5 所示，履带车的平面运动可以表示为重心 G 绕瞬时旋转中心 O' 的旋转运动。旋转半径向量定义为 $\boldsymbol{d}_{t,i}=[d_{t,ix},d_{t,iy}]$ $(i=l,r)$，$\boldsymbol{d}_G=[-d_{Gx},d_{Gy}]$。

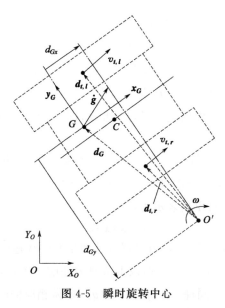

图 4-5　瞬时旋转中心

根据瞬时旋转中心的定义可得：

$$\frac{\parallel \boldsymbol{v}_{t,i}\parallel}{\parallel \boldsymbol{d}_{t,i}\parallel}=\frac{\parallel \dot{\boldsymbol{g}}\parallel}{\parallel \boldsymbol{d}_G\parallel}=|\dot{q}_3|$$

在 $\{G\}$ 中 O' 的坐标表示为 $[x_{ICR},y_{ICR}]^{\mathrm{T}}=[d_{Gx},-d_{Gy}]^{\mathrm{T}}$，所以上式可以展开为：

$$\frac{\dot{x}_G}{-d_{Gy}}=\frac{\dot{y}_G}{d_{Gx}}=-\dot{q}_3$$

又因为 $\begin{bmatrix}\dot{x}_G \\ \dot{y}_G\end{bmatrix}=\boldsymbol{R}(q_3)^{\mathrm{T}}\begin{bmatrix}\dot{X}_G \\ \dot{Y}_G\end{bmatrix}$，与上式联立可得：

$$-\dot{X}_G sx_3 + \dot{Y}_G cx_3 + d_{Gx}\dot{x}_3 = 0$$

由点 G 与点 C 的速度关系可以得到：

$$-\dot{x}_1 sx_3 + \dot{x}_2 cx_3 + (d_{Gx} - \Delta x)\dot{x}_3 = 0 \tag{4.4}$$

将式(4.2) 和式(4.3) 代入式(4.4) 中，就得到 d_{Gx} 的两种表达式：

$$\begin{cases} d_{Gx} = -\mathrm{sgn}(\dot{x}_3)R_C s\alpha_C \\ d_{Gx} = -\mathrm{sgn}(\dot{x}_3)R_G s\alpha_G + \Delta x \end{cases} \tag{4.5}$$

其中，$\mathrm{sgn}()$ 为符号函数。

另一方面，从横向阻力 F_r 的分布可以观察到机器人在瞬时旋转轴线的速度分量为 0，从而也可以得到式(4.5)。根据机器人的运动特性可以得到机器人的 Pfaffian 约束：

$$\boldsymbol{A}(\boldsymbol{x})^{\mathrm{T}} \cdot \dot{\boldsymbol{x}} = \boldsymbol{O}_{3\times 1}$$

其中，$\boldsymbol{A}(\boldsymbol{x}) = \begin{bmatrix} -sx_3 & cx_3 & d_{Gx}-\Delta x & 0 & 0 \\ cx_3 & sx_3 & -B/2 & -r & 0 \\ cx_3 & sx_3 & B/2 & 0 & -r \end{bmatrix}^{\mathrm{T}}$。

$\boldsymbol{A}(\boldsymbol{x})$ 的右零空间可由向量 $\boldsymbol{j}_1$ 和 $\boldsymbol{j}_2$ 组成，即 $\boldsymbol{J}(\boldsymbol{x})^{\mathrm{T}} \cdot \boldsymbol{A}(\boldsymbol{x}) = \boldsymbol{O}_{2\times 3}$，$\boldsymbol{J}(\boldsymbol{x})$ 可表示为：

$$\boldsymbol{J}(\boldsymbol{x}) = \begin{bmatrix} \boldsymbol{j}_1 & \boldsymbol{j}_2 \end{bmatrix} = \begin{bmatrix} cx_3 & sx_3 & 0 & 1/r & 1/r \\ (d_{Gx}-\Delta x)sx_3 & -(d_{Gx}-\Delta x)cx_3 & 1 & -B/2r & B/2r \end{bmatrix}^{\mathrm{T}}$$

从而全局广义速度可重新表示为：

$$\dot{\boldsymbol{x}} = \boldsymbol{J}(\boldsymbol{x})\boldsymbol{z}$$

其中，$\boldsymbol{z} = [v,\omega]^{\mathrm{T}} = [\dot{x}_C,\dot{x}_3]^{\mathrm{T}}$，由机器人几何中心的线速度和角速度构成。

但是由于 $\dot{x}_3 = \dot{x}_3$，$\dot{x}_4 = \dot{x}_4$，所以本节只关注前三个量，将广义坐标重新定义为 $\boldsymbol{x} = [X_C,Y_C,\theta]^{\mathrm{T}}$，同理，$\boldsymbol{A}(\boldsymbol{q})$ 和 $\boldsymbol{J}(\boldsymbol{q})$ 也做相应的改变，即：

$$\dot{\boldsymbol{x}} = \begin{bmatrix} cx_3 & (d_{Gx}-\Delta x)sx_3 \\ sx_3 & -(d_{Gx}-\Delta x)cx_3 \\ 0 & 1 \end{bmatrix} \begin{bmatrix} v \\ \omega \end{bmatrix} \tag{4.6}$$

辅助向量 $\boldsymbol{z}$ 还可以表示为：

$$\boldsymbol{z} = [v,\omega]^{\mathrm{T}} = \boldsymbol{H}(\boldsymbol{x}) \cdot [v_l,v_r]^{\mathrm{T}} \tag{4.7}$$

其中，$\boldsymbol{H}(\boldsymbol{x}) = \left[\dfrac{1-s_l}{2},\dfrac{1-s_r}{2};\dfrac{1-s_l}{B},-\dfrac{1-s_r}{B}\right]$。

将式(4.6) 代入式(4.7) 中，得到机器人滑移的表达式：

$$\dot{\boldsymbol{x}} = \begin{bmatrix} cx_3 & (d_{Gx}-\Delta x)sx_3 \\ sx_3 & -(d_{Gx}-\Delta x)cx_3 \\ 0 & 1 \end{bmatrix} \begin{bmatrix} v \\ \boldsymbol{\omega} \end{bmatrix}$$

4.3.2　履带车动力学模型建立

欲构建动力学模型，首先需要对车体进行受力分析。如图 4-6 所示，假设履带车的工作地面是理想的弹塑性材料，当地面达到屈服应力时，剪切应力可以表示为：

$$\tau = c + \sigma \tan\phi$$

其中，τ 为剪切应力，c 为地面黏聚力，σ 为法向应力，ϕ 为地面内摩擦角。

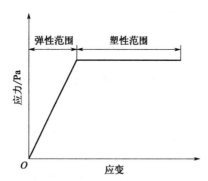

图 4-6　理想弹塑性材料应变-应力关系

地面可以提供给机器人的最大牵引力为：

$$F_{\max} = A\tau = Ac + G\tan\phi$$

其中，$A = bl$ 为机器人与地面接触的面积；$G = mg$ 是正压力；m 为机器人质量。

滑移还可以表示为 $s = v_j/v$，$v_j = v - v'$ 表示履带相对于地面的滑移速度。忽略履带的拉伸量，则机器人与地面接触的履带上的每一点的速度 v_j 相同。因此距履带地面接触区域 x 处的剪切位移 j 可表示为：

$$j = v_j \Delta t$$

其中，$\Delta t = x/v$ 表示履带上某点与地面接触的时间。

因此，上式可以改写为 $j = sx$，即剪切位移与接触面前方的距离 x 正相关。对于具有剪切应力-位移指数特性的塑性地面，剪切应力与剪切位移可以定义为：

$$\tau = \tau_{\max}(1 - e^{-j/K}) = (c + \varepsilon\tan\phi)(1 - e^{-j/K})$$

其中，K 表示地面剪切变形模量。假设压力均匀分布而与机器人纵向位置无关，即 $\varepsilon = G/(2bl)$，则机器人牵引力可以表示为：

$$P_i = 2b\int_0^l \tau_i \mathrm{d}x = (Ac + G_i\tan\phi)\left[1 - \frac{K}{s_i l}(1 - e^{-s_i l/K})\right], i = l, r$$

履带式移动底盘有绕几何中心旋转的特性。在现有研究中，大多没有考虑到机器人重心偏移的情况，而是将重心所在轴线简化为转动轴线，本节所提出的履带车重心偏移较大，瞬时转动轴线存在纵向偏移，需要考虑重心偏移情况下的受力情况，如图 4-7 所示。

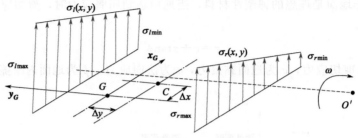

图 4-7　重心偏移转向阻力矩分布

当重心只存在垂直于车身的横向偏移 Δy 时，履带两侧压力函数可以表示为：

$$\begin{cases} \sigma_l(x,y) = \dfrac{G}{2bl}\left(1 + \dfrac{2\Delta y}{B}\right) \\[3mm] \sigma_r(x,y) = \dfrac{G}{2bl}\left(1 - \dfrac{2\Delta y}{B}\right) \end{cases}$$

当重心只存在沿车身的纵向偏移 Δx 时，履带两侧压力函数可以表示为：

$$\begin{cases} \sigma_l(x,y) = \dfrac{G}{2bl}\left(1 + \dfrac{6\Delta x}{l}\right) \\[3mm] \sigma_r(x,y) = \dfrac{G}{2bl}\left(1 - \dfrac{6\Delta x}{l}\right) \end{cases}$$

所以，当同时存在横向偏移 Δy 和纵向偏移 Δx 时，履带两侧最大压力和最小压力函数可以表示为：

$$\begin{cases} \sigma_{l\max}(x,y) = \dfrac{G}{2bl}\left(1 + \dfrac{2\Delta y}{B}\right)\left(1 + \dfrac{6\Delta x}{l}\right) \\[3mm] \sigma_{l\min}(x,y) = \dfrac{G}{2bl}\left(1 + \dfrac{2\Delta y}{B}\right)\left(1 - \dfrac{6\Delta x}{l}\right) \\[3mm] \sigma_{r\max}(x,y) = \dfrac{G}{2bl}\left(1 - \dfrac{2\Delta y}{B}\right)\left(1 + \dfrac{6\Delta x}{l}\right) \\[3mm] \sigma_{r\min}(x,y) = \dfrac{G}{2bl}\left(1 - \dfrac{2\Delta y}{B}\right)\left(1 - \dfrac{6\Delta x}{l}\right) \end{cases}$$

考虑到机器人的重心同时在纵向和横向分别偏移了 Δx 和 Δy，所以综合上述两式，机器人左右两侧的压力函数分别为：

$$\begin{cases} \sigma_l(x,y) = \dfrac{G(B+2\Delta y)(l^2 + 12\Delta x^2 - 12x\Delta x)}{2Bbl^3} \\[3mm] \sigma_r(x,y) = \dfrac{G(B-2\Delta y)(l^2 + 12\Delta x^2 - 12x\Delta x)}{2Bl^3 b} \end{cases}$$

机器人在平面转向过程中的受力情况如图 4-8 所示，以右转为例，机器人受到的横向阻力为：

$$F_\tau = \int_{d_{Gx}}^{l/2+\Delta x} \mu_t b\left[\sigma_l(x,y) + \sigma_r(x,y)\right] \mathrm{d}x - \int_{-l/2+\Delta x}^{d_{Gx}} \mu_t b\left[\sigma_l(x,y) + \sigma_r(x,y)\right] \mathrm{d}x$$

$$- \mathrm{sgn}(\dot{q}_3)\frac{\mu_t G}{l^3}\left[-2(l^2 + 12\Delta x^2)d_{Gx} + 12\Delta x d_{Gx}^2 + 12\Delta x^3 - \Delta x l^2\right]$$

其中，μ_t 为纵向运动阻力系数。

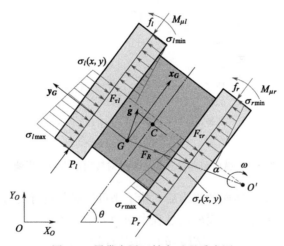

图 4-8　履带车平面转向过程受力图

重心的向心力可以表示为：

$$F_R = m\dot{q}_3^2 R_g$$

绕几何中心转动的转动惯量为：

$$I_C = \frac{m(l^2 + B^2)}{12}$$

转向驱动力矩可以表示为：

$$M = \frac{B}{2}(P_r - P_l - f_r + f_l)$$

左右两侧转向阻力矩可以表示为：

$$\begin{cases} M_{\mu l} = \int_{-l/2+\Delta x}^{0} \mu_t b \sigma_l(x,y)(-x)\mathrm{d}x + \int_{0}^{d_{Gx}} \mu_t b \sigma_l(x,y)x\mathrm{d}x + \int_{d_{Gx}}^{l/2+\Delta x} \mu_t b \sigma_l(x,y)x\mathrm{d}x \\[2mm] M_{\mu r} = \int_{-l/2+\Delta x}^{0} \mu_t b \sigma_r(x,y)(-x)\mathrm{d}x + \int_{0}^{d_{Gx}} \mu_t b \sigma_r(x,y)x\mathrm{d}x + \int_{d_{Gx}}^{l/2+\Delta x} \mu_t b \sigma_l(x,y)x\mathrm{d}x \end{cases}$$

最终得到转向阻力矩：

$$M_\mu = M_{\mu l} + M_{\mu r} = -\mathrm{sgn}(\dot{q}_3)\frac{\mu_t G(l^2-4\Delta x^2)^2}{4l^3} \tag{4.8}$$

由式(4.8)和图4-9可以得知，机器人的转向阻力矩与重心的横向偏移 Δy 无关，并且与瞬时转轴的偏移 d_{Gx} 无关，只与纵向偏移 Δx 有关，又因为纵向偏移 Δx 小于 l，所以随着 Δx 的增大，转向阻力矩 M_μ 逐渐减小。

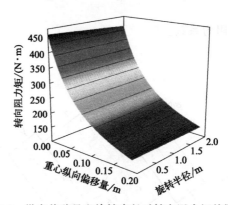

图 4-9　纵向偏移量和旋转半径对转向阻力矩的影响

分析了履带车平面转向的受力后，接下来可以对其进行动力学建模，根据拉格朗日方程得到履带车在平面转向过程中的动力学方程：

$$\frac{\mathrm{d}}{\mathrm{d}t}\frac{\partial \mathcal{L}(\boldsymbol{q},\dot{\boldsymbol{q}})}{\partial \dot{\boldsymbol{q}}} - \frac{\partial \mathcal{L}(\boldsymbol{q},\dot{\boldsymbol{q}})}{\partial \boldsymbol{q}} = \boldsymbol{Q}$$

其中，$\mathcal{L}(\boldsymbol{q},\dot{\boldsymbol{q}})$ 是拉格朗日函数，$\boldsymbol{Q}$ 是广义坐标对应的广义力。

系统总势能 $\mathcal{P}=0$，系统总动能用 $\mathcal{K}$ 表示，则拉格朗日方程为：

$$\mathcal{L} = \mathcal{K} - \mathcal{P} = \frac{1}{2}m(\dot{x}_1^2+\dot{x}_2^2) + \frac{1}{2}I_C\dot{x}_3^2 + \frac{1}{2}I_4\dot{x}_4^2 + \frac{1}{2}I_5\dot{x}_5^2$$

根据拉格朗日动力学方程可得：

$$\begin{cases} \dfrac{\mathrm{d}}{\mathrm{d}t}\dfrac{\partial \mathcal{L}}{\partial \dot{x}_1} - \dfrac{\partial \mathcal{L}}{\partial x_1} = m\big[\ddot{x}_1 + (\Delta x s x_3 - \Delta y c x_3)\ddot{x}_3 + (\Delta x c x_3 + \Delta y s x_3)\dot{x}_3\dot{x}_3\big] \\[3mm] \dfrac{\mathrm{d}}{\mathrm{d}t}\dfrac{\partial \mathcal{L}}{\partial \dot{x}_2} - \dfrac{\partial \mathcal{L}}{\partial x_2} = m\big[\ddot{x}_2 - (\Delta x c x_3 + \Delta y s x_3)\ddot{x}_3 + (\Delta x s x_3 - \Delta y c x_3)\dot{x}_3\dot{x}_3\big] \\[3mm] \dfrac{\mathrm{d}}{\mathrm{d}t}\dfrac{\partial \mathcal{L}}{\partial \dot{x}_3} - \dfrac{\partial \mathcal{L}}{\partial x_3} = m\big[(\Delta x s x_3 - \Delta y c x_3)\ddot{x}_1 - (\Delta x c x_3 + \Delta y s x_3)\ddot{x}_2\big] + \big[m(\Delta x^2+\Delta y^2)+I_C\big]\ddot{x}_3 \end{cases}$$

广义力 $\boldsymbol{Q}$ 表示为：

$$\boldsymbol{Q} = \begin{bmatrix} (P_l + P_r)cx_3 + (F_R s\alpha - f_l - f_r)cx_3 - (F_\tau - F_R c\alpha)sx_3 \\ (P_l + P_r)sx_3 + (F_R s\alpha - f_l - f_r)sx_3 + (F_\tau - F_R c\alpha)cx_3 \\ M + M_\mu \end{bmatrix}$$

对于 n 维广义坐标的机器人，建立在非完整约束的力学系统中的标准形式为：

$$\boldsymbol{M}(\boldsymbol{x}) \cdot \ddot{\boldsymbol{x}} + \boldsymbol{F}(\boldsymbol{x}, \dot{\boldsymbol{x}}) \cdot \dot{\boldsymbol{x}} + \boldsymbol{G}(\boldsymbol{x}) = \boldsymbol{B}(\boldsymbol{x}) \cdot \boldsymbol{\tau} - \boldsymbol{A}(\boldsymbol{x}) \cdot \boldsymbol{\lambda} \tag{4.9}$$

其中，$\boldsymbol{M}(\boldsymbol{x}) \in R^{n \times n}$ 表示惯性矩阵；$\boldsymbol{B}(\boldsymbol{x}) \in R^{n \times (n-m)}$ 表示输入变换矩阵；$\boldsymbol{\tau} \in R^{(n-m) \times 1}$ 为系统输入向量，$\boldsymbol{A}(\boldsymbol{x})$ 为 Pffafian 约束，$\boldsymbol{\lambda}$ 为拉格朗日乘子。

对于履带车系统，$\boldsymbol{B}(\boldsymbol{x}) = \begin{bmatrix} cx_3 & sx_3 & -B/2 \\ cx_3 & sx_3 & B/2 \end{bmatrix}^{\mathrm{T}}$，$\boldsymbol{\tau} = \begin{bmatrix} P_l \\ P_r \end{bmatrix}$，

$$\boldsymbol{M}(\boldsymbol{x}) = \begin{bmatrix} m & 0 & m(\Delta x s x_3 - \Delta y c x_3) \\ 0 & m & -m(\Delta x c x_3 + \Delta y s x_3) \\ m(\Delta x s x_3 - \Delta y c x_3) & -m(\Delta x c x_3 + \Delta y s x_3) & m(\Delta x^2 + \Delta y^2) + I_C \end{bmatrix},$$

$$\boldsymbol{F}(\boldsymbol{x}, \dot{\boldsymbol{x}}) = \begin{bmatrix} 0 & 0 & m(\Delta x c x_3 + \Delta y s x_3)\dot{x}_3 \\ 0 & 0 & m(\Delta x s x_3 - \Delta y c x_3)\dot{x}_3 \\ 0 & 0 & 0 \end{bmatrix},$$

$$\boldsymbol{G}(\boldsymbol{x}) = \begin{bmatrix} (f_l + f_r - F_R s\alpha_g)cx_3 + (F_\tau - F_R c\alpha_g)sx_3 \\ (f_l + f_r - F_R s\alpha_g)sx_3 - (F_\tau - F_R c\alpha_g)cx_3 \\ B(f_r - f_l)/2 - M_\mu \end{bmatrix}。$$

由 $\dot{\boldsymbol{x}} = \boldsymbol{J}(\boldsymbol{x})\boldsymbol{z}$ 得：

$$\ddot{\boldsymbol{x}} = \dot{\boldsymbol{J}}(\boldsymbol{x})\boldsymbol{z} + \boldsymbol{J}(\boldsymbol{x})\dot{\boldsymbol{z}} \tag{4.10}$$

其中，$\dot{\boldsymbol{J}}(\boldsymbol{x}) = \begin{bmatrix} -sx_3\dot{x}_3 & \dot{d}_{Gx}sx_3 + (d_{Gx} - \Delta x)cx_3\dot{x}_3 \\ cx_3\dot{x}_3 & -\dot{d}_{Gx}cx_3 + (d_{Gx} - \Delta x)sx_3\dot{x}_3 \\ 0 & 0 \end{bmatrix}。$

将式(4.10)代入式(4.9)后，整式左乘 $\boldsymbol{J}^{\mathrm{T}}(\boldsymbol{x})$ 得：

$$\boldsymbol{J}^{\mathrm{T}}\boldsymbol{M}\boldsymbol{J}\dot{\boldsymbol{z}} + (\boldsymbol{J}^{\mathrm{T}}\boldsymbol{M}\dot{\boldsymbol{J}} + \boldsymbol{J}^{\mathrm{T}}\boldsymbol{F}\boldsymbol{J})\boldsymbol{z} + \boldsymbol{J}^{\mathrm{T}}\boldsymbol{G} = \boldsymbol{J}^{\mathrm{T}}\boldsymbol{B}\boldsymbol{\tau} \tag{4.11}$$

$\det(\boldsymbol{J}^{\mathrm{T}}\boldsymbol{B}) = B \neq 0$，上式两侧左乘 $(\boldsymbol{J}^{\mathrm{T}}\boldsymbol{B})^{-1}$ 后得：

$$\overline{\boldsymbol{M}}(\boldsymbol{x})\dot{\boldsymbol{z}} + \overline{\boldsymbol{C}}(\boldsymbol{x}, \dot{\boldsymbol{x}})\boldsymbol{z} + \overline{\boldsymbol{G}}(\boldsymbol{x}) = \boldsymbol{\tau}$$

其中

$$\overline{\boldsymbol{M}}(\boldsymbol{x}) = (\boldsymbol{J}^{\mathrm{T}}\boldsymbol{B})^{-1}\boldsymbol{J}^{\mathrm{T}}\boldsymbol{M}\boldsymbol{J} = \begin{bmatrix} \dfrac{m}{2} & -\dfrac{m(d_{Gx}^2 + \Delta y^2) + I_C}{B} \\ \dfrac{m}{2} & \dfrac{m(d_{Gx}^2 + \Delta y^2) + I_C}{B} \end{bmatrix}$$

$$\overline{\boldsymbol{C}}(\boldsymbol{x},\dot{\boldsymbol{x}}) = (\boldsymbol{J}^{\mathrm{T}}\boldsymbol{B})^{-1}(\boldsymbol{J}^{\mathrm{T}}\boldsymbol{M}\dot{\boldsymbol{J}} + \boldsymbol{J}^{\mathrm{T}}\boldsymbol{F}\boldsymbol{J}) = \begin{bmatrix} \dfrac{m}{B}d_{Gx}\dot{x}_3 & \dfrac{m}{2}d_{Gx}\dot{x}_3 - \dfrac{m}{B}d_{Gx}\dot{d}_{Gx} \\ -\dfrac{m}{B}d_{Gx}\dot{x}_3 & \dfrac{m}{2}d_{Gx}\dot{x}_3 + \dfrac{m}{B}d_{Gx}\dot{d}_{Gx} \end{bmatrix}$$

$$\overline{\boldsymbol{G}}(\boldsymbol{x}) = (\boldsymbol{J}^{\mathrm{T}}\boldsymbol{B})^{-1}\boldsymbol{J}^{\mathrm{T}}\boldsymbol{G} = \begin{bmatrix} f_l - \dfrac{1}{2}F_R s\alpha_g - \dfrac{(d_{Gx}-\Delta x)}{B}(F_\tau - F_R c\alpha_g) + \dfrac{M_\mu}{B} \\ f_r - \dfrac{1}{2}F_R s\alpha_g + \dfrac{(d_{Gx}-\Delta x)}{B}(F_\tau - F_R c\alpha_g) - \dfrac{M_\mu}{B} \end{bmatrix}$$

　　根据牛顿第二定律，求解出履带车平面转向时在局部坐标系 {G} 下的动力学方程后，再根据几何中心 C 与重心 G 的坐标关系以及旋转矩阵 $\boldsymbol{R}(x_3)$，同样可以得到履带车在平面转向过程中的动力学统一模型。

4.4　三轮车建模与控制

4.4.1　速度与转向控制

　　考虑到如图 4-10 所示的三轮车，其状态演化方程可由下式表示：

$$\begin{bmatrix} \dot{x} \\ \dot{y} \\ \dot{\theta} \\ \dot{v} \\ \dot{\delta} \end{bmatrix} = \begin{bmatrix} v\cos\delta\cos\theta \\ v\cos\delta\sin\theta \\ v\sin\delta \\ u_1 \\ u_2 \end{bmatrix}$$

　　在此，假设后桥中心与前轮轴之间的距离为 1m。选择输出向量为 $\boldsymbol{y}=(v,\theta)$。将输出变量 y_1 和 y_2 连续求导，直至出现输入，得：

$$\dot{y}_1 = \dot{v} = u_1$$

$$\dot{y}_2 = \dot{\theta} = v\sin\delta$$

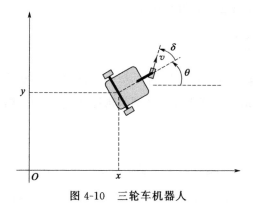

图 4-10 三轮车机器人

$$\ddot{y}_2 = \dot{v}\sin\delta + v\dot{\delta}\cos\delta = u_1\sin\delta + u_2 v\cos\delta$$

化为矩阵形式为：

$$\begin{bmatrix} \dot{y}_1 \\ \ddot{y}_2 \end{bmatrix} = \underbrace{\begin{bmatrix} 1 & 0 \\ \sin\delta & v\cos\delta \end{bmatrix}}_{A(x)} \begin{bmatrix} u_1 \\ u_2 \end{bmatrix}$$

进行反馈线性化，令 $u = A^{-1}(x)v$，其中 v 为新输入，则可将系统反馈后的形式重新写为：

$$\begin{bmatrix} \dot{y}_1 \\ \ddot{y}_2 \end{bmatrix} = \begin{bmatrix} v_1 \\ v_2 \end{bmatrix}$$

这时系统变为线性系统，此时便有两个单变量系统：其一为一阶系统，可用比例控制器对其镇定；其二为二阶系统，则最好使用比例微分控制器对其镇定。如果 $w = (w_1, w_2)$ 表示 y 的目标值，将所有的极点选为 -1，则控制器可表示为：

$$\begin{cases} v_1 = (w_1 - y_1) + \dot{w}_1 \\ v_2 = (w_2 - y_2) + 2(\dot{w}_2 - \dot{y}_2) + \ddot{w}_2 \end{cases}$$

则非线性系统的状态反馈控制器为：

$$u = \begin{bmatrix} 1 & 0 \\ \sin\delta & v\cos\delta \end{bmatrix}^{-1} \begin{bmatrix} (w_1 - v) + \dot{w}_1 \\ (w_2 - \theta) + 2(\dot{w}_2 - v\sin\delta) + \ddot{w}_2 \end{bmatrix} \tag{4.12}$$

值得注意的是，该控制器并没有状态变量，因此它是一个静态控制器。

另外，因为

$$\det[A(x)] = v\cos\delta$$

可以为 0，若为 0，则对于未定义的控制器 u 是存在奇异点的。当在系统中遇到这样的奇异点时，必须进行适当的处理。

4.4.2　位置控制

前面介绍的是速度和转向的控制，本小节介绍位置控制。为此，选择向量 $\boldsymbol{y}=(x,y)$ 为系统输出，令其跟踪一个期望轨迹 (x_d,y_d)，则有：

$$
\begin{cases}
\dot{x}=v\cos\delta\cos\theta \\
\ddot{x}=\dot{v}\cos\delta\cos\theta-v\dot{\delta}\sin\delta\cos\theta-v\dot{\theta}\cos\delta\sin\theta \\
\quad=u_1\cos\delta\cos\theta-vu_2\sin\delta\cos\theta-v^2\sin\delta\cos\delta\sin\theta \\
\dot{y}=v\cos\delta\sin\theta \\
\ddot{y}=\dot{v}\cos\delta\sin\theta-v\dot{\delta}\sin\delta\sin\theta+v\dot{\theta}\cos\delta\cos\theta \\
\quad=u_1\cos\delta\sin\theta-vu_2\sin\delta\sin\theta+v^2\sin\delta\cos\delta\cos\theta
\end{cases}
$$

化为矩阵形式为：

$$
\begin{bmatrix}\ddot{x}\\\ddot{y}\end{bmatrix}=\underbrace{\begin{bmatrix}\cos\delta\cos\theta & -v\sin\delta\cos\theta\\\cos\delta\sin\theta & -v\sin\delta\sin\theta\end{bmatrix}}_{\boldsymbol{A}(x)}\begin{bmatrix}u_1\\u_2\end{bmatrix}+\underbrace{\begin{bmatrix}-v^2\sin\delta\cos\delta\sin\theta\\v^2\sin\delta\cos\delta\cos\theta\end{bmatrix}}_{\boldsymbol{B}(x)}
$$

但是，这里的 $\boldsymbol{A}(x)$ 行列式的值为 0。这就意味着加速度的可控部分被强制在小车的前进方向。那么，$\ddot{x}$ 和 $\ddot{y}$ 将不能够独立控制，因此这里不能应用反馈线性化。

为了避免得到的奇异矩阵 $\boldsymbol{A}(x)$，改换前轮的中心作为输出，则有：

$$
\boldsymbol{y}=\begin{bmatrix}x+\cos\theta\\y+\sin\theta\end{bmatrix}
$$

对其进行连续求导，至出现输入：

$$
\begin{cases}
\dot{y}_1=\dot{x}-\dot{\theta}\sin\theta=v\cos\delta\cos\theta-v\sin\delta\sin\theta=v\cos(\delta+\theta) \\
\ddot{y}_1=\dot{v}\cos(\delta+\theta)-v(\dot{\delta}+\dot{\theta})\sin(\delta+\theta) \\
\quad=u_1\cos(\delta+\theta)-v(u_2+v\sin\delta)\sin(\delta+\theta) \\
\dot{y}_2=\dot{y}+\dot{\theta}\cos\theta=v\cos\delta\sin\theta+v\sin\delta\cos\theta=v\sin(\delta+\theta) \\
\ddot{y}_2=\dot{v}\sin(\delta+\theta)+v(\dot{\delta}+\dot{\theta})\cos(\delta+\theta) \\
\quad=u_1\sin(\delta+\theta)+v(u_2+v\sin\delta)\cos(\delta+\theta)
\end{cases}
$$

化为矩阵形式：

$$
\begin{bmatrix} \ddot{y}_1 \\ \ddot{y}_2 \end{bmatrix} = \underbrace{\begin{bmatrix} \cos(\delta+\theta) & -v\sin(\delta+\theta) \\ \sin(\delta+\theta) & v\cos(\delta+\theta) \end{bmatrix}}_{\boldsymbol{A}(\boldsymbol{x})} \begin{bmatrix} u_1 \\ u_2 \end{bmatrix} + \underbrace{\begin{bmatrix} -v^2\sin\delta\sin(\delta+\theta) \\ v^2\sin\delta\cos(\delta+\theta) \end{bmatrix}}_{\boldsymbol{B}(\boldsymbol{x})}
$$

此时，除了 $v=0$ 之外，$\boldsymbol{A}(\boldsymbol{x})$ 行列式的值绝不为 0。因此，可令

$$
\boldsymbol{u} = \boldsymbol{A}^{-1}(\boldsymbol{x}) \left[v - \boldsymbol{B}(\boldsymbol{x}) \right]
$$

因此，当所有极点选取为 -1 时，该三轮车的控制器为：

$$
\boldsymbol{u} = \boldsymbol{A}^{-1}(\boldsymbol{x}) \left\{ \left[\left(\begin{bmatrix} x_d \\ y_d \end{bmatrix} - \begin{bmatrix} x+\cos\theta \\ y+\sin\theta \end{bmatrix} \right) + 2 \left(\begin{bmatrix} \dot{x}_d \\ \dot{y}_d \end{bmatrix} - \begin{bmatrix} v\cos(\delta+\theta) \\ v\sin(\delta+\theta) \end{bmatrix} \right) + \begin{bmatrix} \ddot{x}_d \\ \ddot{y}_d \end{bmatrix} \right] - \boldsymbol{B}(\boldsymbol{x}) \right\}
$$

其中，(x_d, y_d) 为该三轮车的期望轨迹。

第**5**章

机器人的无模型控制

在获得机器人完整力学模型的基础上，为机器人设计好控制器并进行实际的控制应用，可以得到较为理想的控制结果。但多数情况下，特别是对于移动机器人而言，其完整力学模型往往较为复杂，很难将其应用于实际控制。况且，实际中并无法获得机器人的各种结构参数和惯性参数，因此也无法获得一个精确的机器人力学模型。本章通过几个例子说明如何在这种情况下实现机器人的控制。

5.1 无人车的无模型控制

为了说明无模型控制的原理，考虑如下方程所示的无人车模型的情形：

$$
\begin{cases}
\dot{x} = v\cos\theta \\
\dot{y} = v\sin\theta \\
\dot{\theta} = u_2 \\
\dot{v} = u_1 - v
\end{cases}
$$

该模型可应用于仿真中，但不能用于建立控制器。

5.1.1 方向和速度的比例控制器

在此，通过对无人车系统的直观感受为其设计一个简单的控制器。取 $\tilde{\theta} = \theta_d - \theta$ 和 $\tilde{v} = v_d - v$，其中 θ_d 为期望方向，v_d 为期望速度。

对于速度控制，可取：

$$
u_1 = a_1 \tanh\tilde{v}
$$

其中，a_1 是一个常数，表示电机所能传送的最大加速度（绝对值）。使用双曲正切函数 tanh（如图 5-1 所示）作为饱和函数。已知：

$$\tanh x = \frac{e^x - e^{-x}}{e^x + e^{-x}} \tag{5.1}$$

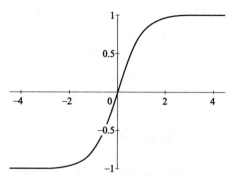

图 5-1 使用双曲正切函数作为饱和函数

对于方向控制，可取：

$$u_2 = a_2 \times \text{sawtooth}(\tilde{\theta})$$

在这个公式中，sawtooth 对应于由下式定义的锯齿函数：

$$\text{sawtooth}(\tilde{\theta}) = 2a\tan\left(\tan\frac{\tilde{\theta}}{2}\right) = \text{mod}(\tilde{\theta} + \pi, 2\pi) - \pi \tag{5.2}$$

注意，由于数值原因，最好利用包含模函数（MATLAB 中的 mod）的表达式。如图 5-2 所示，该方程对应于方向上的一个误差，通过锯齿函数对误差 $\tilde{\theta}$ 进行滤波避免了模为 $2k\pi$ 的问题（在此将 $2k\pi$ 视为非零）。

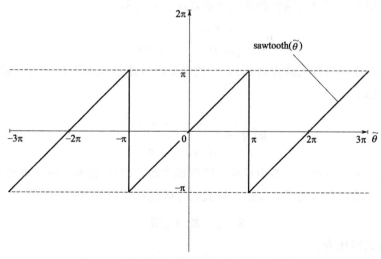

图 5-2 利用锯齿函数避免方向控制上的跳动

可将整个控制器总结如下：

$$\begin{bmatrix} u_1 \\ u_2 \end{bmatrix} = \begin{bmatrix} a_1 \times \tanh(v_d - v) \\ a_2 \times \mathrm{sawtooth}(\theta_d - \theta) \end{bmatrix}$$

由此，便可进行方向和速度控制。无模型控制是不需要使用机器人的状态方程的，在实际应用中，无模型控制的效果非常好。这是基于对系统动力学的理解和二轮车机器人的无线操作方法而言的。无模型控制中含有两个易于设定的参数 a_1 和 a_2（a_1 表示推力，a_2 表示方向扰动），最后，所设计的控制器易于实施和调试。

5.1.2 方向的比例-微分控制器

对于很多机器人而言，比例控制器会产生振荡，因此有必要增加一个阻尼项或微分项。如欲使水中探测机器人［无人机遥控潜水器（ROV）类型］稳定在指定区域内就是这种情况。当水中排雷机器人移动时，在稳定其方向的操作面上并不存在这种振荡问题。如果方向恒定，则这样的一个比例-微分控制器如下式所示：

$$u_2 = a_2 \times \mathrm{sawtooth}(\theta_d - \theta) + b_2 \dot{\theta}$$

例如，变量 θ 可由罗盘获得，至于 $\dot{\theta}$，一般通过陀螺仪获得。低成本的机器人通常没有陀螺仪，因此必须通过 θ 的测量值去近似得到 $\dot{\theta}$，然而，对于方向上的微小变化，陀螺仪可能会以 2π 为单位跳动。例如，当罗盘返回一个处于 $[-\pi, \pi]$ 之间的角时，则方向变化约为 $(2k+1)\pi$。在这种情况下，就必须获得 $\dot{\theta}$ 的一个近似值，而且所获得的近似值需对这类跳动不敏感。令：

$$\boldsymbol{R}_t = \begin{bmatrix} \cos\theta(t) & -\sin\theta(t) \\ \sin\theta(t) & \cos\theta(t) \end{bmatrix}$$

代表对应于机器人的方向 $\theta(t)$ 的旋转矩阵（注意该矩阵对 $2k\pi$ 的跳动不敏感）。注意到：

$$\boldsymbol{R}_t^{\mathrm{T}} \dot{\boldsymbol{R}}_t = \begin{bmatrix} 0 & -\dot{\theta}(t) \\ \dot{\theta}(t) & 0 \end{bmatrix}$$

可将该关系看作 1.1 节中反对称矩阵的二维（2D）版本，同时也可利用 $\boldsymbol{R}_t$ 的表达式直接获得该关系。那么，该旋转矩阵的欧拉积分为：

$$\boldsymbol{R}_{t+\mathrm{d}t} = \boldsymbol{R}_t + \mathrm{d}t\dot{\boldsymbol{R}}_t$$

可将其转化为：

$$\boldsymbol{R}_{t+\mathrm{d}t} = \boldsymbol{R}_t + \mathrm{d}t\boldsymbol{R}_t \begin{bmatrix} 0 & -\dot{\theta}(t) \\ \dot{\theta}(t) & 0 \end{bmatrix} = \boldsymbol{R}_t \left(\mathbf{I} + \mathrm{d}t \begin{bmatrix} 0 & -\dot{\theta}(t) \\ \dot{\theta}(t) & 0 \end{bmatrix} \right)$$

因此：

$$\mathrm{d}t \begin{bmatrix} 0 & -\dot{\theta}(t) \\ \dot{\theta}(t) & 0 \end{bmatrix} = \boldsymbol{R}_t^{\mathrm{T}} \boldsymbol{R}_{t+\mathrm{d}t} - \boldsymbol{I}$$

$$= \begin{bmatrix} \cos[\theta(t+\mathrm{d}t)-\theta(t)] & -\sin[\theta(t+\mathrm{d}t)-\theta(t)] \\ \sin[\theta(t+\mathrm{d}t)-\theta(t)] & \cos[\theta(t+\mathrm{d}t)-\theta(t)] \end{bmatrix} - \begin{bmatrix} 1 & 0 \\ 0 & 1 \end{bmatrix}$$

在该矩阵方程中，提取第二行第一列所对应的标量方程，可得：

$$\dot{\theta}(t) = \frac{\sin[\theta(t+\mathrm{d}t)-\theta(t)]}{\mathrm{d}t}$$

因此，可将方向的比例-微分控制器写为：

$$u_2 = a_2 \times \mathrm{sawtooth}[\theta_d - \theta(t)] + b_2 \frac{\sin[\theta(t+\mathrm{d}t)-\theta(t)]}{\mathrm{d}t}$$

该控制器将对以 2π 为单位的跳动不敏感。

5.2　履带车的无模型控制

5.2.1　基于反步法运动学控制器设计

本节所设计控制器基于以下假设：①履带车始终在水平面进行消防巡检作业，重力项为零；②履带车所受的扰动和扰动的一阶导数有界；③履带车的线速度和角速度不同时为 0。

履带车在平面转向过程中的运动学期望可以表示为：

$$\dot{\boldsymbol{x}}_d = \begin{bmatrix} \dot{x}_{1d} \\ \dot{x}_{2d} \\ \dot{x}_{3d} \end{bmatrix} = \begin{bmatrix} cx_{3d} & 0 \\ sx_{3d} & 0 \\ 0 & 1 \end{bmatrix} \begin{bmatrix} v_d \\ \omega_d \end{bmatrix}$$

其中，$[\cdot]_d$ 为 $[\cdot]$ 的期望值。

履带车轨迹跟踪控制器的设计目标为：

$$\begin{cases} \lim\limits_{t\to\infty} \boldsymbol{z}_e = \lim\limits_{t\to\infty} (\boldsymbol{z}_d - \boldsymbol{z}) = \boldsymbol{O}_{2\times 1} \\ \lim\limits_{t\to\infty} \boldsymbol{x}_e = \lim\limits_{t\to\infty} (\boldsymbol{x}_d - \boldsymbol{x}) = \boldsymbol{O}_{3\times 1} \end{cases}$$

考虑滑移的情况下，履带车的实际航向角为 β_C，即 θ 与 α_C 之和。因此，考虑滑移的履带车的实际位姿 $\boldsymbol{x}$ 应该用 $[X_C, Y_C, \beta_C]^{\mathrm{T}}$ 表示。在 $\{G\}$ 中定义位姿跟踪误差 $\boldsymbol{x}_e$：

$$[\boldsymbol{x_e}]_G = \begin{bmatrix} x^G_{1e} \\ x^G_{2e} \\ x^G_{3e} \end{bmatrix} = \boldsymbol{R}^T(x_3)(\boldsymbol{x_d}-\boldsymbol{x}) = \begin{bmatrix} cx_3 & sx_3 & 0 \\ -sx_3 & cx_3 & 0 \\ 0 & 0 & 1 \end{bmatrix} \begin{bmatrix} x_{1d}-x_1 \\ x_{2d}-x_2 \\ x_{3d}-\beta_C \end{bmatrix}$$

对位姿跟踪误差进行微分处理后得到位姿跟踪一阶微分误差：

$$[\boldsymbol{\dot{x}_e}]_G = \begin{bmatrix} \dot{x}^G_{1e} \\ \dot{x}^G_{2e} \\ \dot{x}^G_{3e} \end{bmatrix} = \begin{bmatrix} -c\alpha_C \\ -s\alpha_C \\ 0 \end{bmatrix} v + \begin{bmatrix} x^G_{2e} \\ -x^G_{1e} \\ -1 \end{bmatrix} \dot{q}_3 + \begin{bmatrix} v_d c(x^G_{3e}+\alpha_C) \\ v_d s(x^G_{3e}+\alpha_C) \\ \omega_d-\dot{\alpha}_C \end{bmatrix}$$

当系统趋于稳定时 α_C 趋向于 0，关于误差 $[\boldsymbol{\dot{x}_e}]_G$ 的李雅普诺夫函数为：

$$V_1 = \frac{x^G_{1e}x^G_{1e}+x^G_{2e}x^G_{2e}}{2} + \frac{1-\cos x^G_{3e}}{k_2}, k_2>0$$

由上式可知 $\begin{cases} V_1>0, [\boldsymbol{\dot{x}_e}]_G \neq \boldsymbol{O}_{3\times1} \\ V_1=0, [\boldsymbol{\dot{x}_e}]_G = \boldsymbol{O}_{3\times1} \end{cases}$，$V_1$ 对时间求导后得：

$$\dot{V}_1 = -x^G_{1e}(v-v_d\cos x^G_{3e}) - \sin x^G_{3e}\left(\frac{\dot{x}_3-\omega_d}{k_2}-v_d x^G_{2e}\right)$$

令 $\begin{cases} v=v_d\cos x^G_{3e}+k_1 x^G_{1e} \\ \dot{x}_3=\omega_d+k_2 v_d x^G_{2e}+k_0 k_2 \sin x^G_{3e} \end{cases}$，$k_0>0$，$k_1>0$，$k_3=k_2 k_0$，进一步简化后得到：

$$\dot{V}_1 = -k_1 x^G_{1e}x^G_{1e}-k_0 \sin x^G_{3e}\sin x^G_{3e} \leqslant 0$$

仅当 $x^G_{1e}=0$，$x^G_{3e}=0$ 时，$\dot{V}_1=0$ 成立，所以履带车的运动学控制输入 z_c 及其一阶微分可以表示为：

$$\boldsymbol{z_c} = \begin{bmatrix} v_c \\ \omega_c \end{bmatrix} = \begin{bmatrix} v_d\cos x^G_{3e}+k_1 x^G_{1e} \\ \omega_d+k_2 v_d x^G_{2e}+k_3 \sin x^G_{3e} \end{bmatrix}$$

$$\boldsymbol{\dot{z}_c} = \begin{bmatrix} \dot{v}_c \\ \dot{\omega}_c \end{bmatrix} = \begin{bmatrix} \dot{v}_d c x^G_{3e} \\ \dot{\omega}_d+k_2 \dot{v}_d x^G_{2e}+k_3 s x^G_{3e} \end{bmatrix} + \begin{bmatrix} k_1 & 0 & -v_d s x^G_{3e} \\ 0 & k_2 v_d & k_3 c x^G_{3e} \end{bmatrix} \begin{bmatrix} \dot{x}^G_{1e} \\ \dot{x}^G_{2e} \\ \dot{x}^G_{3e} \end{bmatrix}$$

期望速度 v_d 和期望角速度 ω_d 为常数值，所以上式可以重新表示为：

$$\boldsymbol{\dot{z}_c} = \begin{bmatrix} \dot{v}_c \\ \dot{\omega}_c \end{bmatrix} = \begin{bmatrix} 0 \\ k_3 s x^G_{3e} \end{bmatrix} + \begin{bmatrix} k_1 & 0 & -v_d s x^G_{3e} \\ 0 & k_2 v_d & k_3 c x^G_{3e} \end{bmatrix} \begin{bmatrix} \dot{x}^G_{1e} \\ \dot{x}^G_{2e} \\ \dot{x}^G_{3e} \end{bmatrix}$$

5.2.2　基于模糊控制的滑模控制器设计

SMC（sliding mode control，滑模控制）是控制非线性系统的一种有效方法，其响应速度快、简单、鲁棒性强，可以有效应对环境的不确定性和其他干扰。因此，SMC 被认为是移动机器人轨迹跟踪控制的有效方法。

滑模控制是一种不连续的控制算法，通常由等效控制和切换控制组成，前者迫使系统在滑模面上直到理想的平衡状态，后者保证系统从初始状态到达滑模面。本节所提出的积分滑模动力学控制器的目的是使速度跟踪误差最小化，即：

$$\lim_{t \to \infty} e_c(t) = z(t) - z_c(t) = 0$$

选取 PI（proportional integral，比例积分）型滑模面：

$$s(t) = e_c(t) + \boldsymbol{K} \int_0^t e_c(t)\mathrm{d}t$$

其中，$\boldsymbol{K} = \mathrm{diag}(K_1, K_2)$ 是一个正对角矩阵，可以决定滑模面的斜率。

对上式求导可得：

$$\dot{s}(t) = \dot{e}_c(t) + \boldsymbol{K}e_c(t) = \frac{\boldsymbol{\tau} - \overline{C}(\boldsymbol{x}, \dot{\boldsymbol{x}})z(t) - \overline{G}(\boldsymbol{x})}{\overline{M}(\boldsymbol{x})} - \dot{z}_c(t) + \boldsymbol{K}e_c(t)$$

由等效控制定律可知，当 $s(t) = 0$ 时，$\dot{s}(t) = 0$。这是为了保证系统状态在经过时间 t 后仍保持在滑模面上。因此等效控制律表示为：

$$\boldsymbol{\tau}_{eq} = \overline{M}(\boldsymbol{x})(\dot{z}_c - \boldsymbol{K}e_c) + \overline{C}(\boldsymbol{x}, \dot{\boldsymbol{x}})z + \overline{G}(\boldsymbol{x})$$

由于滑模控制器的控制规律的不连续性，系统状态将会离开滑模面，这种现象称为抖振。为了减少抖振，饱和函数 $\mathrm{sat}(s)$ 可以作为边界层：

$$\tau_{sw} = \mathrm{sat}(s) = \begin{cases} -\rho & s > \delta \\ -\rho s/\delta & |s| < \delta \\ \rho & s < -\delta \end{cases}$$

其中，$\delta > 0$，$\delta \simeq 0$ 表示边界层厚度，$\rho > 0$。

饱和函数 $\mathrm{sat}(s)$ 还可以表示为 $\mathrm{sat}(s) = -\rho \dfrac{s}{|s| + \delta}$。然而，这两种方法都破坏了闭环系统的收敛性。本节采用下述函数代替饱和函数，不仅可以解决由控制中的不连续而导致的解的存在性问题，而且可以保证跟踪误差是全局稳定的。

$$\tau_{sw} = \mathrm{sat}(s) = -\rho \frac{s}{|s| + \delta_a \mathrm{e}^{-\delta_b t}}$$

其中，$\delta_a > 0$，$\delta_b > 0$。

将等效控制律 $\boldsymbol{\tau}_{eq}$ 与切换控制律 $\boldsymbol{\tau}_{sw}$ 结合形成滑模控制器，如下式所示：

$$\boldsymbol{\tau} = \boldsymbol{\tau}_{eq} + k_s \boldsymbol{\tau}_{sw} \tag{5.3}$$

其中，k_s 为切换控制律增益，由模糊逻辑控制规则确定。

为判别系统的稳定性，选取李雅普诺夫函数 V_2 如下式所示：

$$V_2 = \frac{1}{2}s^T s$$

对李雅普诺夫函数 V_2 求一阶微分后得到：

$$\dot{V}_2 = s^T \left(\frac{\boldsymbol{\tau} - \overline{C}(\boldsymbol{x}, \dot{\boldsymbol{x}})\boldsymbol{z} - \overline{G}(\boldsymbol{x})}{\overline{M}(\boldsymbol{x})} - \dot{\boldsymbol{z}}_c + \boldsymbol{K}\boldsymbol{e}_c \right) = -k_s \varrho s^T \frac{s}{|s| + \delta_a e^{-\delta_b t}} \overline{M}(\boldsymbol{x})^{-1} \leqslant 0$$

仅当 s 为零向量时李雅普诺夫函数一阶微分 $\dot{V}_2 = 0$ 成立，因此滑模面 $s(t)$ 将收敛于平衡点，并且实际位姿 x 将趋向于期望位姿 x_d。

本节所设计的基于 Fuzzy-SMC（fuzzy sliding mode controller，模糊滑模控制器）的履带车总体控制流程图如图 5-3 所示，接下来将介绍模糊控制规则。

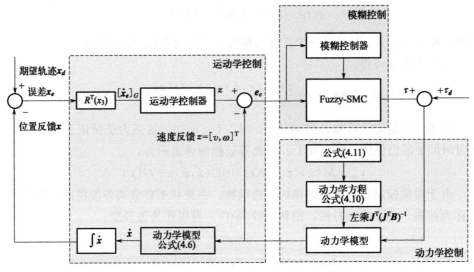

图 5-3　基于 Fuzzy-SMC 的履带式消防机器人总体控制系统流程图

为进一步缓解积分滑模控制器的抖振问题，本节采用模糊控制器自适应调整切换控制的增益 k_s。将机器人的速度跟踪误差 $v_e = v - v_d$ 和增益 k_s 分别作为模糊控制器的输入变量和输出变量，其隶属度函数如图 5-4 所示。

为了便于模糊逻辑推理，误差 v_e 量化后的论域为 $\{-1.5, -1.2, -0.9, -0.4, 0, 0.4, 0.9, 1.2, 1.5\}$，增益 k_s 量化后的论域为 $\{0, 0.1, 0.2, 0.3, 0.4\}$。将模糊变量 v_e 和 k_s^u 的模糊集定义为 $A_i = \{NB, NM, NS, ZO, PS, PM, PB\}$，$B_i = \{ZO, PS, PM, PB\}$。其中，NB、NM、NS、ZO、PS、PM、PB 分别表示负大、负中、负小、零、正小、正中、正大。模糊逻辑的设计原则是在积分滑模动力学控制器中获得切换控制律的快速性。当 v 接近 v_d 时，k_s 应该减少以降低系统穿过滑模面 $s(t)$ 的速度。当速度跟踪误差 e_v 较大时，需要增加增益 k_s 以保证系

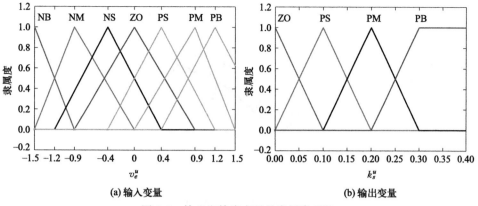

(a) 输入变量 　　　　　　　　　　　(b) 输出变量

图 5-4　输入和输出变量的隶属度函数

统快速收敛。该自适应控制律是通过基于模糊逻辑推理实现的，模糊逻辑规则如表 5-1 所示。

表 5-1　模糊逻辑规则

v_e^u	PB	PM	PS	ZO	NB	NM	NS
k_s^u	PB	PM	PS	ZO	PB	PM	PS

模糊逻辑推理得到模糊输出变量 k_s^u 后，采用重心法（取隶属度函数曲线与横坐标围成面积的重心作为模糊逻辑推理的最终输出值）作为去模糊化工具，将推论所得到的模糊变量 k_s^u 转换为明确的控制信号 k_s，即式(5.3)中的切换控制律增益。

$$k_s = \frac{\sum_{i=1}^{n} \mu_k \left[k_s^u(i) \right] k_s^u(i)}{\sum_{i=1}^{n} \mu_k \left[k_s^u(i) \right]}$$

5.3　雪橇车的无模型控制

图 5-5 所示的雪橇车是虚构出来的。将其看作一个立于五个溜冰鞋上并在冰冻湖面上移动的机器人。该系统有两个输入：前车的角度 β 的正切值 u_1（选择正切值作为输入是为了避免奇异点）和施加于两车连接处且对应于角 δ 的力矩 u_2。因此，小车推力便只来源于力矩 u_2，同时可参考蛇和鳗鱼的推进模式。因此，对于 u_1 的任何控制均不会为系统产生任何能量，但会通过产生波形间接参与推进。在本节中，将为系统仿真提出一种状态形式的模型。考虑其控制率，现有通用方法不能处理这种系统，则有必要考虑该问题的物理因素。因此，本节将提出一种模拟控制律并以此获得一个有效的控制器。

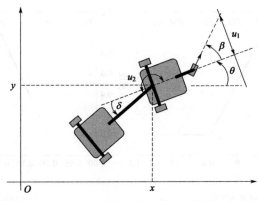

图 5-5　蛇形移动的雪橇车机器人

5.3.1　轨迹驱动控制

为了实现仿真，在此尝试获取能表示系统动力学的状态方程。选择其状态变量为 $x = (x, y, \theta, v, \delta)$，其中，$x$，$y$，$\theta$ 对应于前车的位置，v 表示前雪橇轴中心的速度，δ 为两车之间所成角度，前雪橇车的角速度为：

$$\dot{\theta} = \frac{v_1 \sin\beta}{L_1} \tag{5.4}$$

其中，v_1 为前溜冰鞋的速度；L_1 为前溜冰鞋与前雪橇轴中心之间的距离。然而：

$$v = v_1 \cos\beta$$

因此：

$$\dot{\theta} = \frac{v \tan\beta}{L_1} = \frac{v u_1}{L_1} \tag{5.5}$$

从后雪橇车角度观察，这些特征都好似在前雪橇轴的中心存在一个随其一起移动的虚拟溜冰鞋。那么，利用方程（5.4）可得后雪橇车的角速度为：

$$\dot{\theta} + \dot{\delta} = -\frac{v \sin\delta}{L_2}$$

其中，L_2 为前后两轴中心之间的距离，因此：

$$\dot{\delta} = -\frac{v \sin\delta}{L_2} - \dot{\theta} = -\frac{v \sin\delta}{L_2} - \frac{v u_1}{L_1} \tag{5.6}$$

根据动能定理，动能对时间的导数等于为系统提供的功率之和，即：

$$\frac{\mathrm{d}}{\mathrm{d}t}\left(\frac{1}{2}mv^2\right) = \underbrace{u_2 \dot{\delta}}_{\text{发动机功率}} - \underbrace{(\alpha v)v}_{\text{耗散功率}} \tag{5.7}$$

其中，α 为黏性摩擦系数。为简化起见，在此假设摩擦力为 αv，这就与假设仅前雪橇车制动相同。因此有：

$$mv\dot{v}=u_2\dot{\delta}-\alpha v^2=u_2\left(-\frac{v\sin\delta}{L_2}-\frac{vu_1}{L_1}\right)-\alpha v^2$$

且：

$$m\dot{v}=u_2\left(-\frac{\sin\delta}{L_2}-\frac{u_1}{L_1}\right)-\alpha v \tag{5.8}$$

则该系统可由如下状态方程描述：

$$\begin{cases} \dot{x}=v\cos\theta \\ \dot{y}=v\sin\theta \\ \dot{\theta}=vu_1 \\ \dot{v}=-(u_1+\sin\delta)u_2-v \\ \dot{\delta}=-v(u_1+\sin\delta) \end{cases} \tag{5.9}$$

其中，为简化起见，将系数（质量 m，黏性摩擦系数 α，轴间距 L_1、L_2 等）均给定为其单位值。通过在 u_1 之前增加一个积分器可将该系统变为控制仿射系统，但由于系统存在很多的奇异点，因此不能应用这种反馈线性化方法。确实很容易证明当速度 v 为 0 时（容易避免）或 $\dot{\delta}=0$ 时（必然会定期发生），便会有一个奇异点。一种能模仿蛇和鳗鱼推进模式的仿生控制器可能是可行的。

为了实现模拟波动性蛇形移动的控制策略，选择如下形式 u_1：

$$u_1=p_1\cos(p_2t)+p_3$$

其中，p_1 为振幅；p_2 为脉冲；p_3 为偏差。选择推动力矩 u_2 为电机转矩，换言之 $\dot{\delta}u_2\geqslant0$。事实上，$\dot{\delta}u_2$ 对应于施加于机器人的功率，并将其转化为机器人的动能。如果将 u_2 限制在 $[-p_4,p_4]$ 范围内，则可为如下形式的 u_2 选择一个 bang-bang 控制器：

$$u_2=p_4\times\text{sgn}(\dot{\delta})$$

该式相当于施加最大推力，因此所选的状态反馈控制器为：

$$u=\begin{bmatrix} p_1\cos(p_2t)+p_3 \\ p_4\times\text{sgn}\left[-v(u_1+\sin\delta)\right] \end{bmatrix}$$

该控制器的参数还有待确定。在此可通过偏差 p_3 改变方向，发动机转矩的功率为 p_4。参数 p_1 直接与移动时所产生的振荡的幅值关联。最后，由 p_2 给出其振荡频率。可通过该仿真正确设定参数 p_1 和 p_2。

5.3.2 最大推力控制

通过推力 $u_2\dot{\delta}=-v(u_1+\sin\delta)u_2$ 实现该机器人的推进，因此 u_2 便是由发

动机所产生的力矩。为了尽可能地快速移动，对于一个给定的发动机，该发动机应当提供一个最大功率，用 $\overline{p}$ 表示，该功率将被转化为机器人的动能。由此可得：

$$\underbrace{-v(u_1+\sin\delta)u_2}_{\dot{\delta}}=\overline{p}$$

因此，便存在多个能够提供期望功率 $\overline{p}$ 的力矩 (u_1,u_2)。故选择 u_2 的形式为：

$$u_2=\varepsilon\overline{u}_2,\varepsilon=\pm1$$

其中，$\varepsilon(t)$ 为方波，$\overline{u}_2$ 为一个常量。如此选择的 u_2 可能会受制于发动机的力矩，因此会限制其机械负载。如果所选 ε 的频率太低，则所提供的功率将值得考虑，但是前车将会与后车发生碰撞。在 ε 为常数的临界状态下，通过仿真可以看出第一辆车与第二辆车卷绕起来（这表示 δ 增加到了无穷大）。通过提取前溜冰鞋的方向 u_1 可得：

$$u_1=-\left(\frac{\overline{p}}{v\varepsilon\overline{u}_2}+\sin\delta\right)$$

因此，最大推力控制器为：

$$\boldsymbol{u}=\begin{bmatrix}-\left(\dfrac{\overline{p}}{v\varepsilon\overline{u}_2}+\sin\delta\right)\\[2mm]\varepsilon\overline{u}_2\end{bmatrix}\tag{5.10}$$

那么，利用该控制器，不仅可以通过 u_2 在正确方向上进行推进，而且可以调整车方向 u_1 以使 u_2 所提供的推力转化为最大推力。此时，仅需调整 ε（值为 ±1 的方波）和功率 $\overline{p}$ 即可。可通过信号 $\varepsilon(t)$ 的占空比去调整方向，通过其频率可得到机器人路径上的振荡幅值。至于 u_2，可通过其控制机器人的平均速度。

应用篇　移动机器人系统设计

第**6**章

移动底盘机械系统设计

6.1 移动底盘分类及运动特点

移动机器人底盘是承载机械运转部分和控制部分的平台，同时也是装配所有部件的定位基准。它的加工设计直接影响到机器人的传动精度和传动效率，并且直接影响运动部件的寿命。在设计时考虑底盘在运动过程中要承受振动及其他载荷，引起的变形较大，因而决定采用铸造方式，对车体进行一体化设计，提高底盘的刚度和强度，减少底盘运动引起的变形度。移动机器人一般应用在复杂路况的条件下，一般要求车体尺寸小、重量轻、便于携带等。

（1）差速底盘（含转向）

差速底盘通过驱动轮的转速与转向差实现车体的行走与转向。如图 6-1 所示，两个驱动轮，带一两个从动万向轮，靠差速转弯，有点像两轮平衡车，但和平衡车不同的是，它三个轮子在平面上已经平衡了，不需要考虑自平衡的问题。

图 6-1 两轮差速机器人

采用不同的轮组形式，可以构建出多种形式的差速底盘。以机器时代（北京）科技有限公司组装的移动机器人为例，其模块化轮式底盘创新套件 Rino-MC01 可以组装成的差速结构形式就包括双轮万向车、四轮差速底盘、六轮被动摇臂式悬挂底盘、全向底盘等不少于 20 款机轮式底盘实验平台，可组装的全向移动机器人样机如表 6-1 所示。

表 6-1　Rino-MC01 组装的全向移动机器人样机

双轮万向底盘	三轮转向底盘	四轮差速底盘	四轮转向底盘
四轮悬挂底盘	格斗机器人 I	格斗机器人 II	格斗机器人 III
简易巨钳	连杆排爆车	双轮万向一自由度排爆车	双轮万向三自由度排爆车
六轮被动摇臂式悬挂底盘 I	六轮被动摇臂式悬挂底盘 II	月球车	

（2）履带底盘

履带底盘根据履带数不同，一般可分为双履带式、四履带式和多履带式三种，其中双履带式应用最为普遍。履带底盘一般由"四轮一带"组成，即履带底盘的支重轮、托链轮、驱动轮、引导轮和履带（如图 6-2、图 6-3 所示）。履带底盘将由发动机传到驱动轮上的驱动转矩变为驱动力，使得车辆在地面上移动，并且支撑起底盘上的全部重量。目前，国内工程机械中使用履带底盘行走方式的较多，底盘不但起到支撑整机的作用，而且安装了动力机构使机械可以在工作场所自由行走。

图 6-2　履带底盘

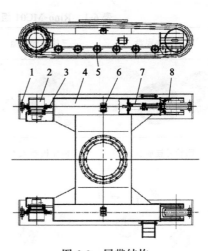

图 6-3　履带结构

1—履带；2—行走减速机；3—驱动轮；4—行走架；
5—支重轮；6—托链轮；7—张紧装置；8—引导轮

通过改变履带形式，可以组建出多种履带底盘整机设备，如典型履带底盘、三角履带底盘、多节履带底盘等。Rino-MT01 组装的履带式机器人样机如表 6-2 所示。

表 6-2　Rino-MT01 组装的履带式机器人样机

典型履带底盘	斜三角履带底盘	双节履带底盘	三节履带底盘
三角履带底盘	履带底盘一自由度排爆车	履带底盘三自由度排爆车	三角履带底盘排爆车

续表

双节履带底盘排爆车	三节履带底盘排爆车	履带底盘战车	

(3) 全向底盘

全向底盘机器人使用 3 个或 3 个以上全向轮或 4 个麦克纳姆轮实现平面内的全向移动。全向轮如图 6-4 所示，由轮毂和从动轮等构成。轮毂的外圆周处均匀开设 3 个或 3 个以上轮毂齿，每两个轮毂齿之间装设一从动轮，各从动轮的径向与轮毂外圆周的切线方向垂直。全向轮受地面影响较小，前后平移距离和旋转角度控制比较准确，运动路线不容易偏移。全向轮结构简单，对加工精度要求不高，相对于另一种常用的麦克纳姆轮成本较低。全向底盘结构如图 6-5 所示，为保障全向底盘有足够的驱动力和机动性，本方案在全向底盘上安装 4 个独立直流

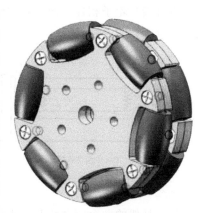

图 6-4　全向轮

电机，分别通过联轴器与全向轮连接，直流电机和全向轮采用中心对称式结构。如此，全向底盘可以轻松实现平面全向移动和原地自转。

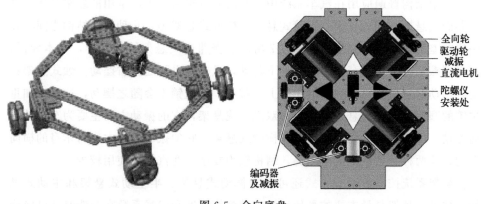

图 6-5　全向底盘

6.2　底盘悬架设计

　　轮式机器人在路面上行驶时，路面不平造成的颠簸会通过轮子传导至轮式机器人车身上，造成机器人整机的晃动，这会导致运载货物的失稳和机器人行驶路线的偏离。因此，为了提高机器人在运行中的平顺性，需要设计一款悬架系统，降低路面颠簸对整机运行的影响。悬架的作用主要有两点：一是将轮子的力传导给车架；二是通过悬架中的弹簧降低路面带来的振动冲击。

　　悬架按结构可分为独立悬架和非独立悬架两种。其区别主要在于独立悬架是每个轮子单独和车架相连，两个轮子之间没有直接的刚性连接，而非独立悬架是车架不直接与轮子相连，而是将力传导到车轴上后，再与两端轮子连接。两种悬架的示意图如图 6-6 所示。

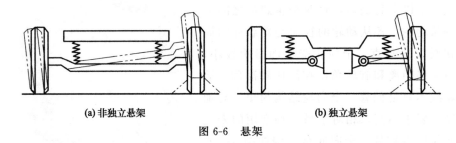

(a) 非独立悬架　　　　　　　　　　　　　(b) 独立悬架

图 6-6　悬架

　　独立悬架的两个驱动轮互不干扰。所以当机器人在遇到颠簸路面时，机器人的受颠簸一侧可以独立抬起或落下，通过变形吸收振动冲击，降低整体车身的振动，而且悬架之间相互独立，可以在车架之间安装其他部件。

　　非独立悬架两个驱动轮不与车身直接相连，而是连接在车轴上，在受到冲击振动时会造成机器人车身单侧抬升，抬升严重时可能会使轮胎失去附着力。

　　悬架结构普遍应用在汽车系统中。在现有汽车系统中，常用的悬架结构包括麦弗逊式悬架、烛式悬架、纵臂式悬架和横臂式悬架等，几种悬架结构之间存在一定的差别，各种悬架结构如图 6-7 所示。麦弗逊式悬架结构紧凑，成本较低，在受到振动时，悬架套筒沿主销上下跳动，且主销也随之左右摆动。烛式悬架在受到振动时悬架套筒虽然也沿主销上下跳动，但主销不会随之摆动，这就会加重主销的磨损。纵臂式悬架，主要为双纵臂式悬架，它的振动方向主要为车身的纵向振动；而横臂式悬架，主要为单横臂式悬架，它的振动方向主要为车身的横向振动。这两种悬架系统成本较高，结构较为复杂，在汽车中使用较少。

　　悬架系统按参数调节方式还可分为被动式悬架、半主动式悬架和主动式悬架。被动式悬架是最主要的悬架结构，其弹簧刚度和阻尼系数在制造时就已经确

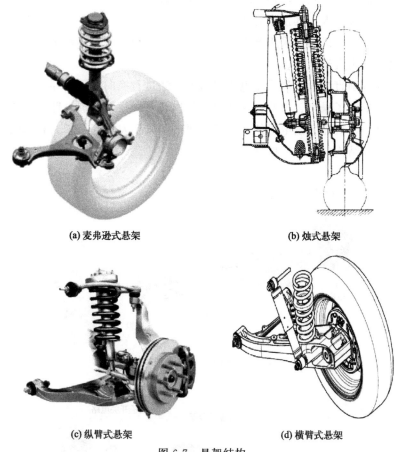

(a) 麦弗逊式悬架　　　　　　　　(b) 烛式悬架

(c) 纵臂式悬架　　　　　　　　　(d) 横臂式悬架

图 6-7　悬架结构

定，在使用中不能变化。由于被动式悬架结构简单，成本较低，所以使用非常广泛。主动式悬架可以通过传感器采集到的路面振动信号，实时对悬架系统的刚度和阻尼系数甚至是车身参数进行调整。主动式悬架结构非常复杂，制造成本高昂，主要应用在赛车或商务轿车中。半主动式悬架是在主动式悬架基础上进行的简化，由于在悬架参数调整中，阻尼系数的调整较为简单，现在大多研究基本是以调整阻尼系数的方式进行的。由于主动式悬架和半主动式悬架的结构均比被动式悬架复杂，所以在中小型物流机器人中的使用较少。

6.3　底盘动力设计

移动机器人通常要执行各种各样的任务，机器人的底盘上要装载所必需的设备，所以移动机器人的底盘要具有一定的承载能力和运动能力。因此，在设计移动机器人底盘时就必须对该移动底盘的驱动力进行分析。

对于移动机器人，其工作时的运动路径是不确定的，很多时候需要在户外运行，因此多数移动机器人采用蓄电池来为其提供能源，所以移动机器人底盘系统的驱动电机选用直流电机。

传统的有刷直流电机均采用电刷以机械方法进行换向，因而存在相对的机械摩擦，由此带来了噪声、火花、无线电干扰以及寿命短等缺点，针对上述传统直流电机的弊病，直流无刷电机便在传统电机的基础上发展起来了。有刷电机和无刷电机的基本结构如图 6-8 和图 6-9 所示。

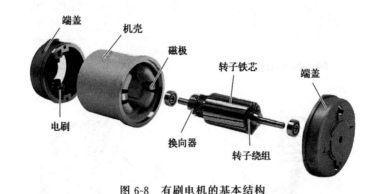

图 6-8　有刷电机的基本结构

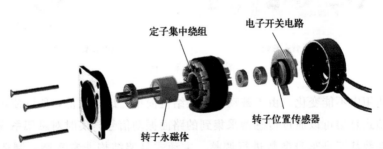

图 6-9　无刷电机的基本结构

直流无刷电机与传统的直流电机相比具有相同的工作原理和应用特性，但其组成是不一样的。除了电机本身之外，直流无刷电机还多一个换向电路，用换向电路来代替传统的机械式电刷，来起到电流换向的作用。直流无刷电机为了减少转动惯量，通常采用"细长"的结构形式，因此在重量和体积上要比有刷直流电机小得多，其相应的转动惯量可以减少 40%～50%。直流无刷电机具有响应快速、较大的启动转矩、从零转速至额定转速具备可提供额定转矩的性能，额定转速一般在 3000r/min 左右，且具有较强的过载能力。综上所述，考虑到移动机器人的工作要求，驱动电机选择直流无刷电机。

在进行底盘电机选型前，需要计算在移动机器人各种工作状况下移动底盘承受的负载，根据各种负载计算底盘电机所需转矩。通常情况下，移动底盘负载可以分为瞬时负载和持续负载两种（如移动机器人在运动过程中，移动底盘需要承担非平坦路面的翻越障碍物的负载与平坦路面的持续行走或爬坡负载），一般情况下瞬时负载大于持续负载。若将最大负载作为选择电机的标准，电机的尺寸和重量会非常大，实际上电机也只有在承担瞬时负载时（如翻越障碍物时）才可能需要较大的转矩，是瞬间所需的转矩，而非持续输出转矩。因此，在选择电机时，只需注意所需提供的驱动转矩不超过电机的峰值转矩，而电机的额定转矩大于机器人在持续负载（如爬坡时）所需持续输出转矩即可，这样可以最大限度地发挥电机的驱动能力，而不会引起浪费。

6.4　底盘通用性设计

(1) 模块化设计

模块化设计定义，就是对产品进行功能分析，将某些要素组合在一起，构成一个具有某种特定功能的子系统，通过将这个子系统作为通用性的模块与其他子系统进行多种组合，从而构成新的系统，产生多种不同功能或不同性能的系列产品。模块化设计一方面可以缩短产品研发与制造周期，增加产品系列，提高产品质量，快速应对市场变化；另一方面，可以减少或消除对环境的不利影响，方便产品的重复利用和维护升级，是如今产品设计的发展方向。

产品模块化设计的思想由来已久，在各类工业产品的设计制造过程中，都可以看到模块化设计的身影。车辆的驱动单元就是一种典型的模块化产品，这种驱动单元集车轮、电机、悬挂装置、制动装置、转向机构和底盘连接装置于一体，使得车身底盘不需要再增加其他的机构来达到减振等目的，降低设计难度，减少了组件的数量。图 6-10 为法国米其林公司的主动车轮（Michelin Active Wheel），它是由牵引电机、碟刹和主动悬挂系统组成，转向的范围在 ±30° 左右。图 6-11 为德国西门子公司的 E-Corner 驱动单元，它集成了由西门子公司自

图 6-10　法国米其林公司的 Michelin Active Wheel

主开发的电子楔式制动器，线性电机分布在制动器的周围，车轮的中间安装悬挂减振装置，支撑托架可连接车身。图 6-12 为美国麻省理工学院设计的机器人驱

动单元，它的特点是转向角可以达到－30°到＋150°。

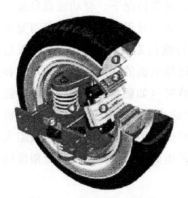 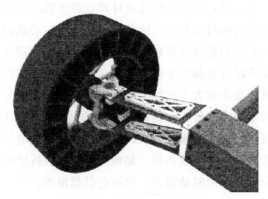

图 6-11　德国西门子公司
的 E-Corner 驱动单元

图 6-12　美国麻省理工学院
设计的机器人驱动单元

　　机器人的底盘系统本身就是机器人的一个子模块，是机器人实现运动的模块系统。通用底盘系统可以划分为驱动模块、悬挂系统模块和车身框架模块。驱动模块包括电机、减速器等，可以通过调换不同型号的电机以及不同减速比的减速器来实现移动机器人承载能力和速度要求的改变；悬挂系统模块可以调节悬架刚度和阻尼系数，以匹配不同质量的底盘系统；车身框架模块用来安放电池、直流电机控制器以及安装各类控制板卡、传感器和人机接口。

（2）系列化设计

　　产品的系列化设计是对同一产品中的各组产品同时进行标准化的一种形式。通过模块化设计的研究，建立模块分类及库管理，确立模块接口的特征匹配，使零部件模块能够按照功能要求实现通用化、组合化，进而实现产品的系列化。

　　移动机器人可以是用于室内的服务机器人，可以是用于室外的巡逻机器人，也可以是用于侦察的全地形机器人，所以它必须具备适用于不同场合的各种功能，所设计的通用底盘要适应各种路况。我们可以通过各个模块的组合，快速设计出适用于不同场合的移动机器人底盘。如表 6-3 所示，在全向轮模块中，可以选择 Mecanum（麦克纳姆）轮、WESN 全向轮、Rotocastor 轮和普通橡胶轮；在驱动方式上可以选择四轮独立驱动、后轮驱动和前轮驱动；在车轮的配置方式上，可以选择左右对称配置、交叉对称配置以及十字对称配置。后两种配置一般均采用全向轮四轮独立驱动的方式以实现全方位移动。

表 6-3　机器人的不同模块

模块	系列化
全向轮模块	Mecanum 轮、WESN 全向轮、Rotocastor 轮、普通橡胶轮胎

续表

模块	系列化
驱动方式	四轮独立驱动、后轮驱动、前轮驱动
车轮配置	交叉对称配置、十字对称配置、左右对称配置

6.5　轮履可重构底盘设计

　　传统履带式机器人越障能力强而行驶速度慢，轮式机器人行驶速度快而越障性能差。轮履混合移动机器人可以有效解决这个问题，但是轮履的叠加大大增加了其结构的复杂性。为了解决这一问题，本节介绍一种轮履形态可重构移动机构，该机构由 4 个相同结构的轮履形态可重构行走单元和车体组成。行走单元可以通过控制自身装置来实现轮式与履带式形态的重构，从而增强在恶劣环境工作的适应性，整体结构方案如图 6-13 所示。

图 6-13　轮履形态可重构底盘

　　轮履形态转换装置通过齿轮带动杆的运动来实现轮式形态和履带式形态的重构，齿轮传动的传动比精准、传动效率高、工作可靠性高。移动机构在平坦路面时，轮履形态转换装置位于车轮内部，弹性履带在弹性力作用下与外轮紧密啮合，移动机构以轮式形态进行快速移动，如图 6-14（a）所示。当移动机构遇到障碍时，轮体内部的轮履形态转换装置工作，支撑轮推动弹性履带，弹性履带拉伸变长，直至连杆 3 到达极限位置，轮履形态转换装置完全打开，履带呈三角形，实现轮履状态的转换，移动机构以履带式形态行走，如图 6-14（b）所示。

　　如图 6-15 所示，轮履形态可重构行走单元主要由可变形履带、2 个内齿轮、2 个外轮行走机构、轮履形态转换装置、2 个卡簧、同步器和传动机构组成，轮履运动状态的重构是由轮履形态转换装置实现的。

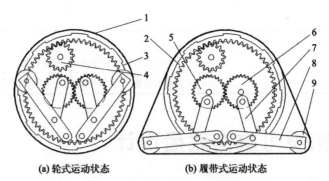

(a) 轮式运动状态　　　　(b) 履带式运动状态

图 6-14　轮履形态转换装置简图

1—弹性履带；2—内齿轮；3—外轮；4—内齿轮驱动齿轮；5—被动齿轮；
6—转换装置驱动齿轮；7—连杆 1；8—连杆 2；9—支撑轮

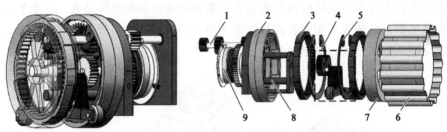

图 6-15　轮履形态可重构行走单元结构示意图

1—驱动装置；2—外轮 1；3—内齿轮；4—轮履形态转换装置；5—大卡簧；
6—弹性履带；7—外轮 2；8—机体；9—电磁离合器

根据自由度公式可知，本节所设计的轮履形态可重构行走单元为单自由度机构，轮式行走、履带式行走以及轮履形态的重构均采用同一个电机驱动。当轮履形态可重构移动机构以轮式形态运动时，电磁离合器不工作，电机带动行走机构驱动装置驱动两个内齿轮转动，内齿轮外侧卡槽带动两外轮转动，实现轮式快速移动。当行进过程中遇到障碍时，通过电信号控制电磁离合器工作，驱动轮履形态转换装置，实现由轮式到履带式形态的重构。

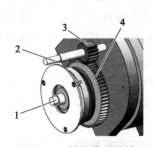

图 6-16　轴系传动设计

1—电磁离合器轴轴系；2—主轴轴系；
3—不完全齿轮；4—电磁离合器齿轮

行走单元采用单个电机驱动，即行走装置和形态转换装置均采用同一个电机驱动，而行走单元主要有两个轮系：主轴轴系和电磁离合器轴轴系。由于主轴转速较高，而轮履形态转换装置所需要的转速较低且受空间限制，齿轮传动降速效果差。所以本节驱动主轴与电磁离合器啮合处采用不完全齿轮进行减速的方式，如图 6-16 所示，通过改变不完全齿轮可以改变传动比，可以达到改变减速比的效果。

6.6　轮腿可重构底盘设计

履带式和轮履复合式机器人都具有一定的越障能力，但自身体积重量较大，灵活性和机动性差。腿式机器人具有较强的环境适应性，可以在非结构化环境中调整自身姿态，但移动速度慢、控制成本高并且平衡性差。针对上述问题，本节进一步介绍一种自适应轮腿形态可重构机器人，该机器人由两个基于剪叉机构的自适应轮腿形态可重构行走机构组成，可以根据外界环境被动实现轮、腿形态重构。

如图 6-17 所示，该自适应轮腿形态可重构行走机构（简称为轮腿机构）的支链腿由两级剪叉机构和轮辐组成。轮腿机构内盘通过外盘的导向装置与外盘形成转动副，通过机构自由度公式计算可知，每个轮腿机构的自由度为 1，只需要通过内外盘的相对运动就可以实现轮腿形态的重构。

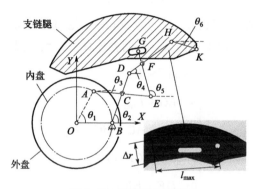

图 6-17　轮腿机构简图

轮腿机构由 3 组剪叉式支链腿组成，所有支链腿的运动都是同步的，任何一条腿都可以作为触发腿。并且轮辐上设有限位装置，避免因过度变形而导致的机械故障和其他元件干涉。将轮腿机构分为三个支链，整个轮腿机构是一个中心对称机构，每个支链的运动情况是一样的，所以只需分析一个支链就可以得到整个轮腿机构的运动情况。在轮腿机构中，以内盘为固定参照系，点 B 固定在内盘上，点 A 附在外盘上。电机与外盘固接，当轮腿机器人处于轮式形态时，电机带动车轮旋转。当接触到障碍物时，其中一个轮辐将承受障碍物与地面的摩擦合力，这将会对该轮辐有一定的锁定效果。电机继续带动外盘旋转，内外盘发生相对转动，AB 之间的距离减小，从而使得两级剪叉机构带动轮辐打开，完成形态重构。所有支链的运动是同步的，任何一个壳体被锁定，都可以完成形态重构。当翻越障碍物后，受重力作用，位于下方的支链会被压缩，轮腿机构会快速变形到轮式形态。

在两级剪叉机构中，AE、BD 和 DH 的长度相等，记为 l，HK 的长度记为 l_{HK}，OB 之间的距离为 r。以外盘中心为原点，原点和外盘与连杆固定点连线为 x 轴，其垂直方向为 y 轴建立坐标系。设点 K 的坐标为 (x_K, y_K)，则展开后的轮廓半径为：

$$r_K = \sqrt{x_K^2 + y_K^2}$$

K 点在转换过程中的位置表示为：

$$\begin{cases} x_K = l(\cos\theta_2 + \cos\theta_4) + l_{HK}\cos\theta_6 + r \\ y_K = l(\sin\theta_2 + \sin\theta_4) + l_{HK}\sin\theta_6 \end{cases}$$

轮腿机构在轮式形态下的轮辐半径为 R，则轮腿机构的变形折展比为：

$$k = \frac{r_K}{R} = \frac{\sqrt{x_K^2 + y_K^2}}{R}$$

轮辐内可以容纳的极限长度 l_{max} 为 60mm，轮辐完全闭合后，AB 的极限距离 AB_{max} 为 56mm。根据上述约束，对两种连杆长度做出限制：

$$\begin{cases} 0 < AE < l_{max} \\ 0 < EG < l_{max} \\ AB_{max} < AC + BC < l_{max} \\ 0 < CD + CE < l_{max} \\ 0 < DF + EF < l_{max} \\ 0 < FG + FH < l_{max} \end{cases}$$

以轮腿机构的变形折展比为目标函数，对可选范围内所有的折展比 k 进行比较，最终取整优化后，当满足下式时，k 可以达到最优解 1.92：

$$\begin{cases} AE = BD = DH = 55\text{mm} \\ AC = BC = DF = 28\text{mm} \\ EG = 48\text{mm} \\ FG = 13\text{mm} \end{cases}$$

最终得到轮腿可重构底盘轮式形态虚拟样机如图 6-18 所示，腿式形态虚拟样机如图 6-19 所示。该轮腿机器人由两个基于剪叉机构的轮腿机构和车身组成。下底板上放置有驱动电机、单片机、电池等。上底板通过铜柱与下底板相连，放置有摄像头、温度湿度传感器、声音采集器及 4G 模块等传感模块。下底板可以为轮腿机器人翻越障碍物提供一定的支撑作用。

图 6-18　轮式形态虚拟样机

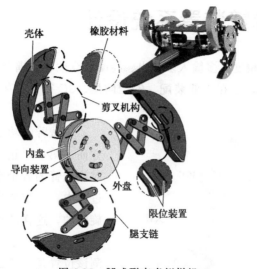

图 6-19　腿式形态虚拟样机

第7章

操作执行装置系统设计

7.1 机械臂装置系统设计

机械臂是指高精度，多输入多输出、高度非线性、强耦合的复杂系统。因其独特的操作灵活性，已在工业装配、安全防爆、3C 行业等领域得到广泛应用，如图 7-1 所示。

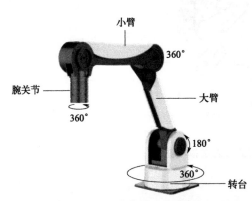

小臂

360°

腕关节

360°

大臂

180°

360°

转台

图 7-1　一种 4 自由度串联关节型码垛机械臂

机械臂的功能主要表现为五个方面。第一，正常的旋转功能。在对机械臂的各个零部件进行检测的过程中，一定要确保机械臂是能够旋转的，这样照相机才能更合理地移动到相对应的位置上，且有效检测该位置是否已经完成了零件的安装，保证拍摄工作的积极执行，也能更为合理地明确具体情况。第二，示教功能。该功能只需要工人利用触摸屏就能轻松完成，为了使机械臂能够运动，只要触摸一次触摸屏，就能运动一下，这样三个点的检测工作都能积极完成。第三，再现功能。在触摸屏上，触摸自动运行按钮，机械臂就能有效运动，且一次性地完成零件检测工作和拍照工作。第四，检测功能。在机械臂实际运动的时候，到达各个零件位置，就能进行有效的检测工作，在机械臂前端安装的照相机，就能发挥自己的拍照和照片信息送回作用。第五，报警功能。在实际检测过程中，如果发现在零件安装的位置未存在零件，系统就能主动发出报警信息。如果检测期间发现已经安装了零件，则不会发出报警信息，直接进入下一个检测工作中。

机械臂中的手部在实际工作中，如果能在各个空间和各个位置上形成各种姿态，机器人一定要能够达到 6 个自由度。比如，在写字的时候，只需要将笔夹紧，不能松开，这时候，可以将末端的 1 个关节去掉。为了能在分析中提供更大方便，可以首先使用 MATLAB 对机械臂的结构进行建模。具体的机械臂建模工作中，需要使用 4 个参数，主要的参数内容包括连杆长度、连杆扭角、两连杆距离和两连杆的夹角。其中，连杆的长度，主要是在连杆上关节轴线之间存在的最小距离。对于连杆扭角，主要是两个关节轴线之间的夹角。对于连杆距离，是两个关节轴上，两个法线之间的距离。对于两连杆的夹角，是在关节轴上，两个法线之间的夹角。对于机械臂的结构设计，为了保证机械臂关节发挥模块化和简单化效果，在实际设计中，可以利用电机与减速器之间连接，形成减速器和臂体连接结构，这种连接方式中间需要的零件比较少，所以，变量和回程间隙也比较小，整个结构刚度更高。在对关键部件进行选型期间，首先要估算关节负载，因为各个关节动态参数为元件选择、关节传动零件选择中最主要的部分。利用机器人动力学的有关知识，实现各个动力参数的计算。一般情况下，主要使用静力学方法和动力学方法进行计算，特别是速度较低的机械，运行期间，因为惯性带来的动载荷比较小，所以，更适合使用静力学方法。相反，如果是运行速度较高的机械，由于动载荷比较大，则可以给予静载荷和动载荷的分析，保证动力学计算结果更合理。

对机械臂的研究而言，电机模块是最为核心的一部分，起到关键的启动和调速作用，其步骤为：

① 电机的选型；

② 电机位置传感器的选用；

③ 电机控制电路设计。

如果将硬件模块看作是控制系统的基石，那软件模块就是系统的核心所在，其直接决定机械臂的运行模式。对机械臂的控制而言，主要有以下三方面的要求：

① 实时性。在操控机械臂的过程中，要实现实时控制的目标，就要求获取到实时数据参数。只有保证系统运行数据的实时性，才能防止机械臂出现死区异常等问题。

② 稳定性。稳定是测定程序是否科学的关键，期望提升系统稳定程度，就要在程序设计阶段分析运行过程可能存在的问题，并将其合理消除。

③ 可再开发性。一套优秀的程序模块并非通过一次简单的调试就能实现，要根据实际测试结果不断调整，从而满足系统的最终需要。由此可知，程序设计阶段，要始终遵守设计标准，便于后期优化调整。

机械臂结构设计分为串联机械臂结构设计与并联机械臂结构设计两种。

图 7-2 所示机械臂为 3 自由度串联机械臂，由 1 个齿轮连杆组机械爪和 1 个 2 自由度云台组成。

齿轮连杆组机械爪：由伺服电机驱动，通过一个曲柄摆杆将运动传递给其中一个手指，再通过一个等速齿轮传动将运动传递给另一个齿轮，最终实现两个手指的相对运动。$ABCD$ 组成一个曲柄摆杆，A 点是舵机的转动中心，AB 杆作为驱动杆，AD 杆作为机架，BC 杆作为传动杆，DC 杆作为随动杆，舵机转动驱动 AB 杆通过 BC 杆将运动传递给 DC 杆，使 DC 杆的手指转动，DC 杆上有一个齿轮 1，通过齿轮传动带动齿轮 2 相对转动，带动齿轮 2 上的机械手指转动，实现机械手指的相对运动，如图 7-3 所示。

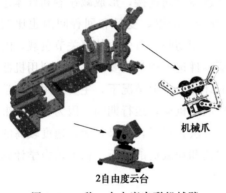

图 7-2　一种 3 自由度串联机械臂

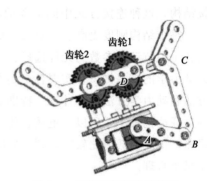

图 7-3　齿轮连杆组的机械爪

2 自由度云台：由两个关节模块组成，关节模块由一个伺服电机驱动配合伺服电机支架组成。多个关节模块可组成 2 自由度云台、3 自由度机械臂、5 自由度机械臂、6 自由度双足等结构，如图 7-4 所示。

以机器时代（北京）科技有限公司组装的机器人机械臂产品为例，可组装的机械臂样机如表 7-1 所示。

表 7-1　Rino-MX301 组装的机械臂样机

双轴绘图机器人	三轴绘图机器人	四轮福来轮底盘	6 轴串联机械臂

续表

3 自由度并联机械臂	3 自由度串联机械臂	delta 并联机械臂	5 自由度并联机械臂
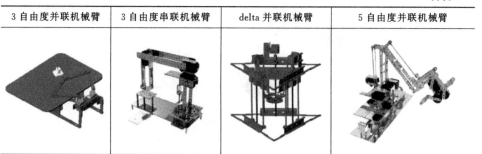			

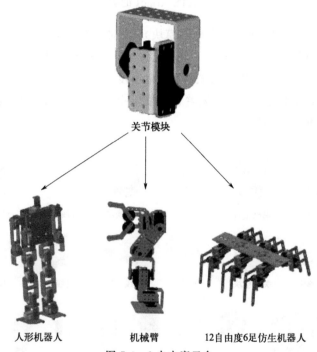

关节模块

人形机器人　　　　　　机械臂　　　　12自由度6足仿生机器人

图 7-4　2 自由度云台

桌面级应用型机械臂，本体基于应用级软件架构设计、应用级硬件系统设计、典型应用型机械臂机械系统设计，如图 7-5 所示。

ATS-Arm01 的系统分为操作系统与软件系统，其中操作系统为 Ubuntu 系统，基于 Debian GNU/Linux，支持 x86、amd64（即 x64）、ARM 和 ppc 架构，软件系统为基于开源机器人操作系统 ROS 和开源软件平台 Arduino 开发的系统，上位机采用 ROS melodic，实现机械臂运动仿真、机械臂视觉应用设计等。

训练师模块化机器人综合实训平台（桌面级）IMUT-RTM4 是基于机器人实训要求，满足开展机器人技术项目教学实践而设计的。该平台提供一套机器人模块，涵盖 4 种驱动模块（基于机电一体化柔性关节扩展，包含转动模块、直线

图 7-5　ATS-Arm01 的实物图

运动模块、夹持器模块及气动执行器模块），6 种构件模块，5 种智能感知模块
（陀螺仪、深度相机、红外对射管、霍尔传感器、扫码模块等）。通过这些模块组
合，可搭建 4 自由度关节串联机械臂、5 自由度关节串联机械臂、4 自由度连杆
码垛机械臂、4 自由度 Scara 机械臂、并联 delta 机械臂、2 自由度云台等机器
人，如图 7-6 和图 7-7 所示。

图 7-6　IMUT-RTM4 的组成模块

5自由度码垛
最大工作半径300mm

4自由度连杆码垛机械臂
最大工作半径300mm

Scara机械臂
最大工作半径300mm

delta机械臂
最大工作半径200mm

图 7-7　IMUT-RTM4 组装的机械臂样机

7.2　机械臂装置的控制

串联机械臂的运动控制有两种，一种是正运动控制，一种是逆运动控制。串联机械臂的正运动简单来说是指确定每个关节舵机转动的角度，从而确定机械臂端点位置。这种方法在调试时对于少量自由度的机械臂比较实用，但是当自由度增加时，调试复杂程度也会随之增加。还有些比较简单的机械臂控制采用正运动控制，直接控制机械臂各个关节的角度，通过观察使机械臂末端到达目标位置。如图 7-8 所示的 3 自由度机械臂（不含执行

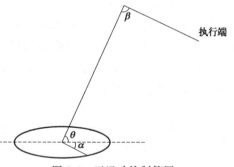

图 7-8　正运动控制简图

器），我们只需要确定其 3 个关节上的舵机转动角度 α、θ、β，即可确定执行端的位置（暂时不考虑臂长的因素）。

串联机械臂的逆运动控制简单来说是指确定目标的位置，然后通过算法计算出各关节需要转动的角度自动调整到合适的位置。

并联机器人，可以定义为动平台和定平台通过至少两个独立的运动链相连接，机构具有两个或两个以上自由度，且以并联方式驱动的一种闭环机构。

并联机器人的特点为无累积误差，精度较高；驱动装置可置于定平台上或接近定平台的位置，这样运动部分重量轻，速度高，动态响应好。

（1）并联机械臂结构设计

并联机械臂与串联机械臂每个独立的关节模块组成不同，并联机械臂是通过连杆组用多个驱动共同控制机械臂末端，其三维模型与实物如图 7-9 和图 7-10 所示。

图 7-9 四连杆并联机械臂的实物   图 7-10 四连杆并联机械臂的三维模型

图中所示四连杆并联机械臂，可以分解为三个部分，如图 7-11 所示。第一个部分是图 7-11(a) 中的四连杆，舵机 y 作为驱动，舵机 x 固定不动，这时会形成一个 FBCD 四连杆结构，FB 为机架，FD 为驱动杆；第二个部分是图 7-11(b) 中的四连杆，舵机 x 作为驱动，舵机 y 固定不动，这时会形成一个 ABCD 四连杆，其中 AD 作为机架，AB 作为驱动杆，BC 作为传动杆，CD 作为随动杆；第三部分为图 7-11(c) 中的 DGHI 平行四连杆，这个部分没有驱动，主要作用是保证执行端 HI 保持一个方向。综上可知 CD 杆为第一部分四连杆和第二部分四连杆共同控制的杆件。

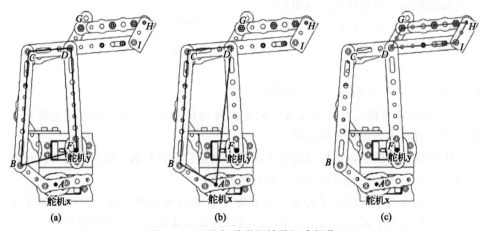

(a)   (b)   (c)

图 7-11 四连杆并联机械臂组成部分

(2) 并联机械臂的运动算法

① 连杆并联机械臂运动算法。

当机械臂完成动作时，需通过舵机对 L_1 和 L_2 两根连杆进行控制和调节，2 个舵机的角度分别为 θ_1 和 θ_2。为了方便分析，将机械臂简化，如图 7-12 所示。

图中，$L_1 = AB$，$L_2 = BC$，$L_3 = CD$，$L_4 = DA$，$L_5 = AF$，$L_6 = DF$，其

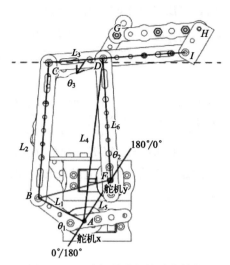

图 7-12　四连杆并联机械臂的简化

中假设舵机 x 和舵机 y 的 0° 和 180° 的极限位置为 AF 杆方向，θ_1 和 θ_2 分别为舵机 x 和舵机 y 的转动角度，其中 L_1、L_2、L_3、L_5、L_6 都为已知尺寸（可用尺子量出），θ_1、θ_2 为手动输入量。

在这个模型中，并联机械臂的运动算法就是 CD 杆的运动轨迹，如果要求出 CD 杆的运动轨迹，实际是求出 CD 杆与 DF 杆的夹角 $\angle CDF$。

从图中可知，$\angle CDF = \angle CDA + \angle ADF$。$\angle CDA$ 位于四连杆 $ABCD$ 中，通过欧拉公式可以推导；$\angle ADF$ 位于三角形 ADF 中，可以通过三角形余弦定理推导。

求解 $\angle CDA$，假设 $\angle CDA = \alpha$：

根据欧拉公式展开得：

$$L_2 \cos\theta_3 = L_3 \cos\alpha + L_4 - L_1 \cos\angle BAD$$

求解可得：

$$\angle CDA = \alpha = 2\arctan\frac{-B \pm \sqrt{B^2 - 4AC}}{2A}$$

其中，$A = -h_1 + (1 - h_3)\cos\angle BAD + h_5$，$B = -2\sin\angle BAD$，$C = h_1 - (1 + h_3)$ $\cos\angle BAD + h_5$，$h_1 = \dfrac{L_4}{L_1}$，$h_3 = \dfrac{L_4}{L_3}$，$h_5 = \dfrac{L_4^2 + L_1^2 - L_2^2 + L_3^2}{2L_1 L_3}$。

从上面的公式可知我们还需要求出 L_4 和 $\angle BAD$。

L_4 位于三角形 ADF 中，可通过三角函数求解得出。在三角形 ADF 中需要知道两条相邻边长和该相邻边的夹角，其中 L_6 和 L_5 为已知量，所以：

$$L_4 = \sqrt{L_6^2 + L_5^2 - 2L_6 L_5 \cos\angle DFA}$$

其中，$\angle DFA = 180° - \theta_2$，$\angle BAD = 180° - \theta_1 - \angle DAF$。

$$\angle DFA = \arccos\left(\frac{L_4^2 + L_5^2 - L_6^2}{2L_4L_5}\right) = \arccos\left[\frac{2L_5^2 - 2L_5L_6\cos(180° - \theta_2)}{2L_5\sqrt{L_5^2 + L_6^2 - 2L_5L_6\cos\angle DFA}}\right]$$

同理可得：

$$\angle DFA = \arccos\left(\frac{L_4^2 + L_6^2 - L_5^2}{2L_4L_6}\right) = \arccos\left[\frac{2L_5^2 - 2L_5L_6\cos(180° - \theta_2)}{2L_6\sqrt{L_5^2 + L_6^2 - 2L_5L_6\cos\angle DFA}}\right]$$

最终可解得：$\angle CDF = \angle CDA + \angle ADF = f(\theta_1, \theta_2)$。

计算机械臂的端点 I 的运动轨迹，可建立舵机 x 和舵机 y 转动中心连线为 x 轴的平面坐标系，如图 7-13 所示。

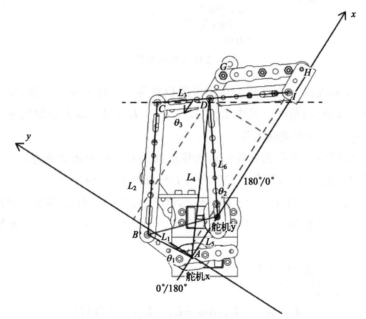

图 7-13　计算机械臂端点 I 的运动轨迹的简图

图 7-14　delta 机械臂的实物

如图 7-13 所示对 D 点和 I 点（x, y）作平面直角坐标系的投影，根据前面计算出的 D 点角度位置计算 I 点的运动坐标。

② delta 并联机械臂运动算法。

下面我们介绍一下 delta 机械臂的运动算法。我们先对 delta 机械臂的三维模型进行简化，其实物、三维模型与机构简图如图 7-14~图 7-16 所示。

图中，tower1、tower2、tower3 代表 3 个丝杠平台，在每个丝杠平台上有一个滑块，滑块通过一根连杆与端点的一个点连接，最终端点的运动状态由 3 个滑块的移动位置来决定，所以我们需要算出每个丝杠平台移动与端点运动的关系方程，实际就是确定滑块运动与端点运动的关系。

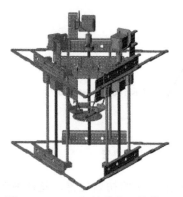

图 7-15　delta 机械臂的三维模型

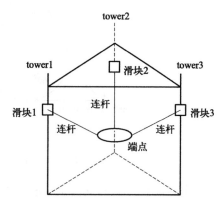

图 7-16　delta 机械臂的机构简图

首先我们建立一个空间直角坐标系，该直角坐标系以 3 个丝杠平台在俯视图方向投影的内切圆心为原点，x 轴与 tower1 和 tower3 之间的连线平行，y 轴过 tower2，其中 $z=0$ 的平面设置在 3 个限位开关所在平面，如图 7-17 所示。

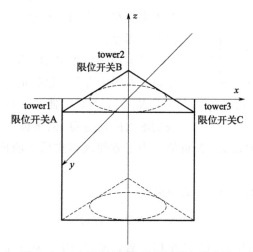

图 7-17　delta 机械臂的限位开关三维位置

建立坐标系之后我们可以得出 3 个限位开关的坐标为

$$A = (-m\sin60°, m\cos60°, 0)$$
$$B = (0, m, 0)$$
$$C = (m\sin60°, m\cos60°, 0)$$

其中，m 为在 xy 投影面上正三角形的内切圆心到 B 点的距离，如图 7-18 所示。

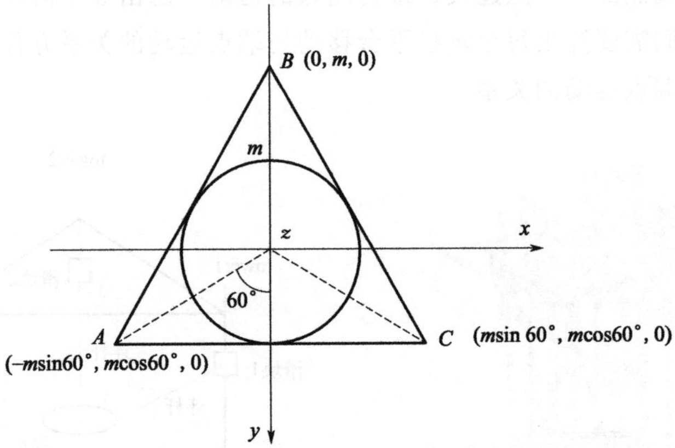

图 7-18 delta 机械臂的限位开关平面位置

确定各限位开关的位置即确定各丝杠平台上滑块的初始位置，丝杠平台的运动简图如图 7-19 所示。

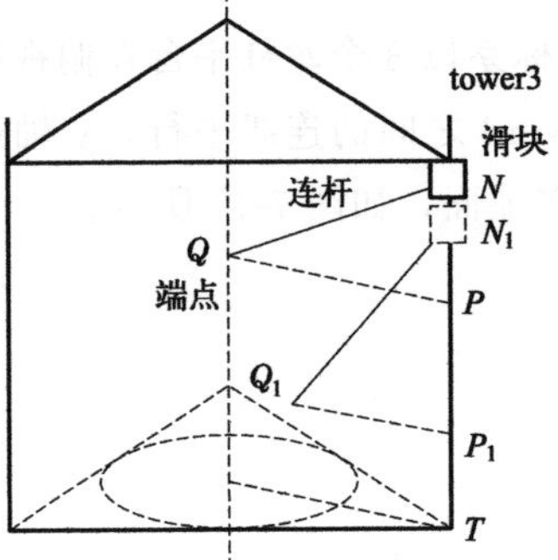

图 7-19 丝杠平台的运动简图

图中，N 点为滑块初始位置，Q 点为端点初始位置，P 为 Q 点在丝杠平台上 Z 轴的投影；N_1、P_1、Q_1 点为丝杠平台运动后 N、P、Q 的位置，T 点为某一固定点，假设为 delta 机械臂上端点在 Z 向可以运动的最大值在丝杠平台 Z 向的投影点。

逆运动学是根据 Q_1 点的位置确定 NN_1 的距离。在图中有几个已知的值，分别是连杆长度 NQ/N_1Q_1，NT 的距离，Q_1 点的坐标，其中我们输入的量是 Q_1 的坐标（X_1，Y_1，Z_1）。

这里需要注意的是 Z_1 为负值，为了方便理解在后面的推导中我们都对 Z_1 取绝对值。

我们需要计算的是 NN_1 的距离

$$NN_1 = NP_1 - N_1P_1$$

其中，Q_1 的 Z 坐标与 P_1 的 Z 坐标一致，所以 NP_1 为已知量，即这里我们只需要计算出 N_1P_1 的值即可。

$$NN_1 = NT - N_1P_1 - Z_1$$

根据勾股定理：

$$N_1P_1 = \sqrt{N_1Q_1^2 - Q_1P_1^2}$$

其中，N_1Q_1 为连杆长度，可通过测量得知，所以这里我们需要计算出 Q_1P_1，该长度我们可以通过两点坐标距离公式得出，借助俯视图投影进行计算，如图 7-20 所示。

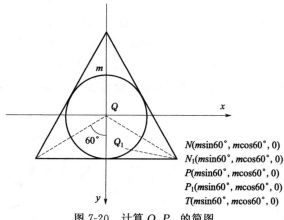

$N(m\sin60°, m\cos60°, 0)$
$N_1(m\sin60°, m\cos60°, 0)$
$P(m\sin60°, m\cos60°, 0)$
$P_1(m\sin60°, m\cos60°, 0)$
$T(m\sin60°, m\cos60°, 0)$

图 7-20　计算 Q_1P_1 的简图

在为方便计算 Q_1P_1，图中我们将点 N、N_1、P、P_1、T 都投影到 Z 为 0 的点，则 Q_1 $(X_1, Y_1, 0)$。根据点坐标公式可得：

$$Q_1P_1 = \sqrt{[X_1 - m\sin(60°)]^2 - [Y_1 - m\cos(60°)]^2}$$

综上所述

$$NN_1 = NT - \sqrt{N_1Q_1^2 - [X_1 - m\sin(60°)]^2 - [Y_1 - m\cos(60°)]^2} - Z_1$$

这样我们就求出了 NN_1（丝杠移动距离）与 Q_1（执行端运动的终点）坐标的关系。

7.3　仿生软体抓持装置的设计

软体机器人由柔韧软材料构成，可在大范围内改变自身形状、尺寸，具有柔顺性好、安全性高、适应性强、灵活性优、经济性佳的综合优势，能够在保证自身工作能力的前提下实现与周围环境的软交互，在机器人前沿研究领域占据着重要的地位。软体抓持机器人是软体机器人技术中能够产生重大影响的研究领域之一。

仿生是创造新型封闭环软体抓持结构的主要方法。"封闭环"是对软体抓持结构外形特征的描述，这类软体抓持结构的横截面呈现封闭环状，通过环状结构的柔顺变形运动，将置于环状结构内部的目标紧密包络以实现自适应可靠软抓持。

从抓持模式上可以将封闭环软体抓持结构分为径缩型和轴缩型。径缩型在抓取目标时，环状软材料结构在径向上向环形中心产生变形，使环状结构中心区域不断缩小，对有效区域内的非结构目标进行包络式抓取，如图 7-21(a) 所示。轴缩型在抓取时，需通过外力使封闭状柔顺导向体产生轴向运动，带动接触的非结构目标向柔顺导向体内部运动，直到产生包络抓取状态，如图 7-21（b）所示。径缩型软体抓持结构有效抓取的前提是抓取目标需进入环形腔体内部，对抓取姿态依赖程度高。与此相比轴缩型软体抓持结构具有更强的主动性，但轴向传送过程易发生抓取目标状态变化，且轴向的活动度容易削弱软体抓持结构的负载能力。

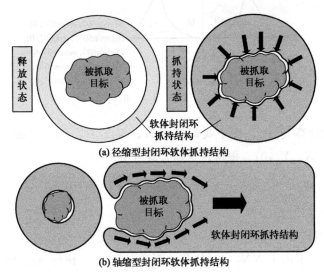

(a) 径缩型封闭环软体抓持结构

(b) 轴缩型封闭环软体抓持结构

图 7-21　径缩型与轴缩型封闭环软体抓持结构抓持原理

7.3.1　径缩型封闭环软体抓持装置

（1）仿生缠绕封闭环软体抓持机器人

缠绕是动植物与外界进行生存交互的重要方式，从大型爬行动物到小型节肢动物都进化出了与生存环境和习性最相匹配的缠绕方式，如蟒蛇可通过身体的缠绕收缩捕获大型猎物，藤蔓通过缠绕支撑物实现自身的固定和生长。基于螺旋壁绕式缠绕结构，设计的仿生缠绕封闭环软体抓持机器人如图 7-22。仿生缠绕结构与硅胶防护套的内壁为变径结构以便于向内收缩，二者均紧固在刚性的基座法兰上，并通过连接端盖和压片将柔性套外壁与基座法兰连接。气动人工肌肉通过编制网管和乳胶管套接制成，两个端口用 3D 打印的通气接头连接。抓持机器人运动部分除了通气接头和喉箍外均采用柔性纤维和弹性软材料，最大限度地保证了其软体化程度。防护套内壁与仿生缠绕抓持结构内腔接触，外壁设计为多环曲面结构以减小自重变形，获取足够的横向承载能力。

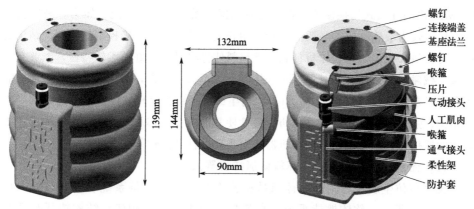

图 7-22　仿生缠绕封闭环软体抓持机器人三维结构

　　仿生缠绕径缩封闭环软体抓持机器人的样机如图 7-23(a) 所示,通过气动接头给气动人工肌肉充放气便可实现其开闭,在驱动压力下可达到最大闭合状态。闭合区域分为两部分,A 区为防护套内壁隆起区域,此区域主要靠防护套内壁的结构阻力挤压物体,属于低负载区域;B 区为气动人工肌肉勒紧区域,在此区域被抓持的物体能直接受到气动人工肌肉的挤压力,属于高负载区域。仿生缠绕径缩封闭环软体抓持机器人具有优越的自适应特性,能以最简单的驱动方式应对不同形状物体,从图 7-23(b) 能够明显看出其抓持原理和抓持模式明显区别于经典的多指型软体抓持机器人。对于非易碎物品,仅需控制气压在 0MPa 和

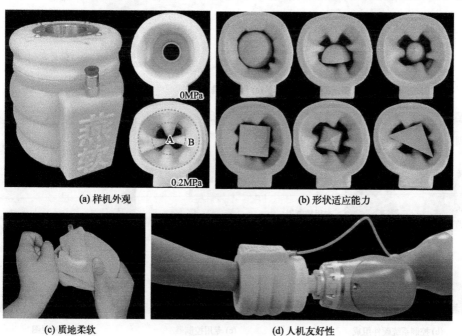

(a) 样机外观　　　　　　　　　　　(b) 形状适应能力

(c) 质地柔软　　　　　　　　　　　(d) 人机友好性

图 7-23　仿生缠绕径缩封闭环软体抓持机器人样机

0.2MPa之间开关式切换便能实现自适应抓持，无须精确控制充气压力。易碎物品对挤压力较为敏感，则需必要的理论模型和柔性感知技术精确控制仿生缠绕结构的勒紧力。最大化地运用软体材料和柔性材料使样机具有良好的柔软特性，能够有效抵御机械碰撞和挤压，同时保证对人体等目标不造成伤害，增加非结构环境适应能力和人机友好性，如图7-23(c)、(d)。仿生缠绕径缩封闭环软体抓持机器人的高柔顺结构、强自适应性和勒紧力自协调特性使其能够在人体承受的挤压力范围内产生较大的抓持力，满足了软体抓持机器人对本质特性和高性能的双重需求。

(2) 无系留仿生缠绕封闭环软体抓持机器人

无系留仿生缠绕封闭环软体抓持机器人分为软体抓持系统和控制系统，如图7-24(a) 所示。软体抓持系统用高效型气动人工肌肉构建，结构特征与系留型软体缠绕机器人类似，高效型气动人工肌肉的超薄无弹性结构使仿生缠绕结构

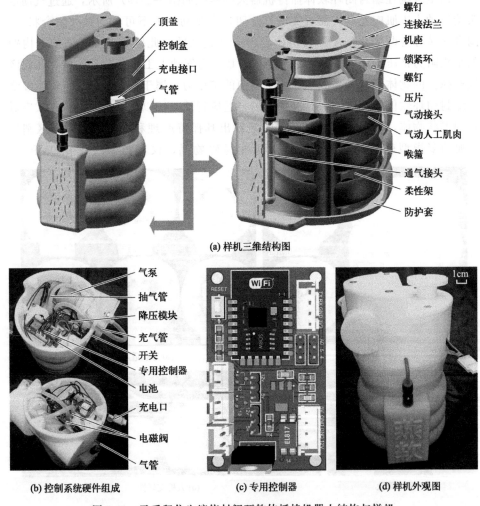

(a) 样机三维结构图

(b) 控制系统硬件组成   (c) 专用控制器   (d) 样机外观图

图 7-24　无系留仿生缠绕封闭环软体抓持机器人结构与样机

更加紧凑。仿生缠绕结构与硅胶防护套的内壁为变径结构以便于向内收缩,二者均紧固在刚性的机座上,并通过连接法兰和压片将防护套外壁与机座连接。

　　控制系统硬件组成如图 7-24(b) 所示,主要由气泵、专用控制器、电池、降压模块、电磁阀、开关等组成。气泵同时具备出气接口 (最大正压 0.08MPa) 和吸气接口 (最大负压 0.05MPa),吸气接口是为了弥补高效型气动人工肌肉复位慢的不足。将这两个接口用气管连接在电磁阀上,这样软体抓持系统的开闭可以通过电磁阀的通断控制。为了实现控制系统的小型化设计,基于 esp8266-12 芯片和场效应管设计了专用控制器来控制电磁阀的通断,如图 7-24(c) 所示。将软体抓持系统和控制系统用螺钉连接起来,并将电磁阀输出端连接的气管插进气动接头便可形成完整的无系留仿生缠绕封闭环软体抓持机器人样机,如图 7-24(d) 所示。样机所有的能量由电池供应,并且一次充电能支撑样机开合百次以上,电量耗尽可通过充电接口充电恢复。无系留和低质量特性使软体缠绕机器人可以配合无人机、移动机器人等完成大范围作业。

(3) 大口径仿生缠绕机器人

　　基于平行缠绕结构研发的大口径仿生缠绕机器人样机如图 7-25 所示。刚性外壁采用承重梁和蒙皮结构,四根承重梁周向均匀布置,两端分别连接在基座和固定环上形成笼型支撑框架,框架周向缺口安装四块薄壳结构。承重梁由铝合金经过机加工制成,蒙皮薄壳由光固化树脂经 3D 打印制成,既保证了充足的承载

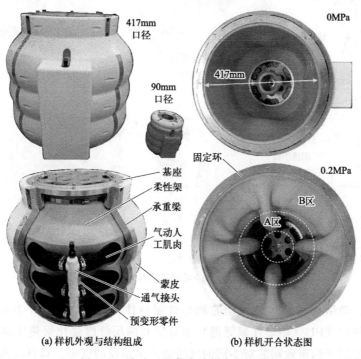

(a) 样机外观与结构组成　　　　(b) 样机开合状态图

图 7-25　大小口径仿生缠绕机器人对比

力，又满足了轻量化设计要求。

闭合区域分为两部分，A 区为防护套内壁隆起区域，此区域主要靠防护套内壁的结构阻力挤压物体，属于低负载区域；B 区为气动人工肌肉勒紧区域，在此区域被抓持的物体能直接受到气动人工肌肉的挤压力，属于高负载区域。大口径样机采取了预变形技术来保证径缩变形的规律性，但不能像小口径那样仅通过柔性架结构本身便可实现预变形设计，需要在周向均匀布置额外的预变形刚性零件，并通过螺钉固接在柔性架上。为了保证足够强度和原位自动回复，大口径样机使用的硅橡胶材料大幅增加，减轻样机自重的关键在于如何用轻质材料替换硅橡胶，如纤维织物和弹性绳的组合材料。

（4）多指型仿生封闭环软体抓持机器人

受合抱抓持行为启发提出带有增力指的可锁定仿生软体抓持机器人，如图 7-26 所示，能实现多指型软体抓持机器人在封闭环结构和开式结构间灵活转换。多指型抓持机器人封闭环锁定原理如图 7-26(a) 所示，主要包括软体弯曲驱动器、软体手指和刚性手指三部分，软体手指是充气膨胀型结构，膨胀后可通过摩擦力与刚性手指牢牢锁定。

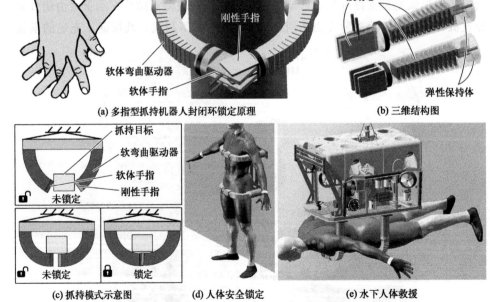

(a) 多指型抓持机器人封闭环锁定原理　　　　　　(b) 三维结构图

(c) 抓持模式示意图　　　　(d) 人体安全锁定　　　　(e) 水下人体救援

图 7-26　带有增力指的可锁定仿生软体抓持机器人

软体致动结构主要包含致动芯和弹性保持体两部分，如图 7-26(b) 所示。致动芯由两层 TPU（热塑性聚氨酯）密封层和两层纤维强化层热压制成，弹性保持体主要用于约束致动芯对不同的气压值产生预设的变形。具有高强度致动芯的软体气动驱动器能够承受更高的气压，输出力也会随之增大。由于纤维层约束作用致动芯仅发生体积变化而表面积不变，软体驱动器的运动量与致动芯尺寸密切相关，致动芯达到最大膨胀量时即使继续加压其形状也不会发生变化，有效避免了高气压对弹性结构的损坏。

带有增力指的可锁定仿生软体抓持机器人不仅可以像经典的多指型机器人一样通过软体弯曲驱动器抓取物体，也可以通过激活增力指来进行大承载抓持，如图 7-26(c) 所示。带有增力指的可锁定仿生软体抓持机器人在结构构造和抓持操作方面也有一些局限，最显著的是软体驱动器必须对称成对使用，因为奇数驱动难以形成有效的增力手指，并且锁定模式要求完全包围目标轮廓。带有增力指的可锁定仿生软体抓持机器人的柔顺性和安全性使其特别适合对人体进行操作，然而现阶段少有软体抓持结构设计能实现人体抓持，为了应对这一挑战，带有增力指的可锁定仿生软体抓持机器人将尝试对人体进行抓持操作，拓展带有增力指的可锁定仿生软体抓持机器人在人体安全固定、人体救援等场合的应用 [图 7-26(d) 和 (e)]。

可锁定软体抓持机器人的样机如图 7-27(a) 所示，其抓取过程主要包括软体弯曲驱动器的闭合和增力手指的锁。刚性手指由光固化树脂经 3D 打印制成，根据锁紧力需求刚性手指的长度可以设置为 0.5～1 倍软体手指长度。软体抓持机器人以柔顺性和安全性著称，然而低负载特性是影响它们在多领域应用的最大障碍之一。可锁定软体抓持机器人能够对人体进行安全操作 [图 7-27(b)]，能

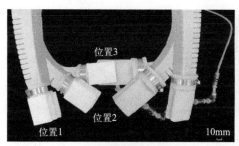
(a) 锁定过程演示图

(c) 人体抓持操作(女)

(b) 人体操作锁定过程演示图

(d) 人体抓持操作(男)

图 7-27 可锁定软体抓持机器人人体操作试验

够轻松提起一个成年人，如图 7-27（c）和（d）所示，是多指型软体抓持机器人在负载方面的重大突破。负载力的优势使可锁定软体抓持机器人在助老助残和灾难救援方面具有重要应用前景，拓展了软体抓持机器人的应用领域。

增力手指的巧妙应用使多指型软体抓持机器人的负载能力大幅度提升，为了从数字上证明负载力提升效果，对具有两个驱动器的可锁定软体抓持机器人进行人体抓取的拉脱力试验。随着输入压力增加，可锁定软体抓持机器人的负载纪录不断刷新。在实际应用过程中可锁定软体抓持机器人通常配备两对软体驱动器和两套增力手指，负载能力也将倍增。

7.3.2 轴缩型封闭环软体抓持

从小型单细胞生物到大型爬行动物，吞食都是一种与环境交互的重要方式，大多数生物吞食都以捕猎为目的，也有一些鱼类和两栖动物将幼崽吞入口中以免受外界伤害。生物吞食保持了目标的完整性，具有简单高效的特点，在众多的生物吞食中环节动物［图 7-28（a）］与软体动物［图 7-28（b）］的吞食方式及生物组织对软体机器人工程结构的研发具有潜在的启发意义。生物吞食机理一直受到广泛关注，海兔、蛇、食草蜥等动物的吞食行为相继得到研究，并建立了相应的运动学和动力学模型。通过对比这些动物的吞食机理，发现具备两大相似之处：一是这些动物都有一个腔室，可以用来支撑和引导猎物；二是腔室周围具有大量的运动组织，这些组织能够使腔壁往复运动，将物体推入腔室并进行连续传送。

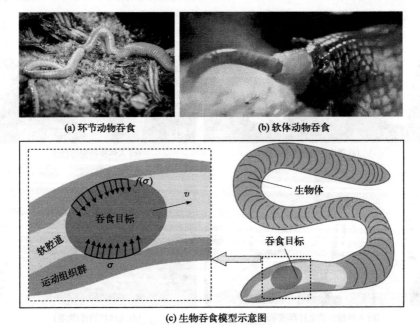

(a) 环节动物吞食　　　　　　　　(b) 软体动物吞食

(c) 生物吞食模型示意图

图 7-28　生物吞食模型示意图

图 7-28(c) 为生物吞食模型示意图，软腔体具有良好的自适应性，能对目标产生多点接触力 $f(\sigma)$，整个吞食过程可通过 $f(\sigma)$ 的约束和推动作用实现。通过分析，人工吞食需具备两大要素：一是起支撑和导向作用的柔顺导向体；二是能驱动柔顺导向体运动的致动系统。

(1) 仿生吞食封闭环软体抓持机器人

基于人工吞食"柔顺"与"运动"两大要素，提出了基于双层封闭气囊的柔顺导向体、牵引内外壁循环运动的人工吞食原理，如图 7-29(a) 所示。柔顺导向体在无压状态下，内壁与牵引头处于分离状态，此时允许调整二者相对位置。将柔顺导向体外壁局部固定，在压力填充状态下内壁将完全贴合，裹紧牵引头实现驱动锁定。在牵引头的带动下柔顺导向体内外壁循环运动，在摩擦力的作用下目标被吞入柔顺导向体中以达到抓持的目的。牵引头的双向运动可以实现吞吐操作，吞过程拉力施加在目标侧内壁，吐过程拉力施加在另一侧，所以吞过程能获取比吐过程更大的操作力。

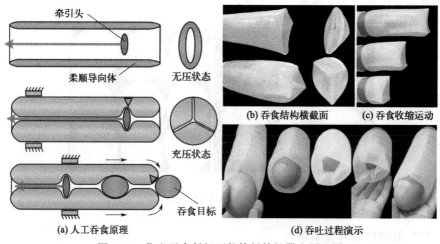

图 7-29 仿生吞食封闭环软体抓持机器人原理图

柔顺导向体的柔软性、抗拉性和高摩擦系数对内外壁灵活交替和吞食适应性至关重要，为此选取壁厚为 1mm 的硅胶软管制作仿生吞食封闭环抓持结构，如图 7-29(b)～(d) 所示。柔顺导向体充气后，其横截面呈现三个类扇形区域 [图 7-29(b)]，吞食目标时会随目标形状发生改变，但吐出吞食物后依然会恢复初始形状。吞食运动伴随着柔顺导向体轴向位置的变化 [图 7-29(c)]，连续的吞食过程需由运动类机器人补偿轴向收缩量，相比之下轴缩封闭环软体抓持结构比径缩型需要更复杂的操作过程，但抓持操作更加轻柔，适应性更强 [图 7-29(d)]。

仿生吞食软体抓持机器人具有突出的柔顺性和自适应性，弹性薄膜与流体的组合使柔顺导向体内壁能够紧密贴合各种形状，如图 7-30(b) 所示。仿生吞食封闭环软体抓持机器人具有"柔顺"和"传送"两大抓持特征，其中"传送"是轴缩封闭环软体抓持机器人所特有，最突出优势是能够抓起薄膜、布料等柔性轻薄材料[图 7-31(a)]，在这方面超过了径缩封闭环和多指型软体抓持机器人。在常规小尺寸物体抓持方面，吞食机器人也表现出了良好的操作性能 [图 7-31(b)、(c)]，但吞食机器人对物体的总体尺寸无特殊要求，只要具备局部可抓取尺寸便能实现抓持操作 [图 7-31(d)、(e)]，其在工业生产、生活护理等领域具有广泛应用前景。良好的自适应性使其能够从平面上捡起一枚钢针而自身不受伤害 [图 7-31(f)]，也可以吞食锋利的刀片 [图 7-31(g)]。仿生吞食封闭环软体抓持机器人的柔顺导向体充气后内壁完全贴合，能够抓起头发丝一样细小的物体 [图 7-31(h)]，提升了软体抓持机器人可操作尺寸范围。软体机器人的优势在于能够与人进行安全交互，如图 7-31(i) 所示，其有望在传染性医学样本采集、隔离病房护理等方面取得实质性应用。总的来看，软体吞食机器人在"柔尖细锐"目标抓取方面优势明显，柔到薄膜、尖到针尖、细到发丝、锐到刀片，实现了软体抓持机器人在抓取方式、抓取尺寸、抓取形状方面的新突破。

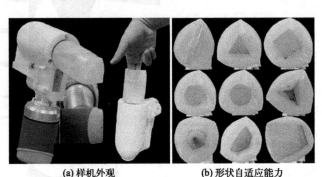

(a) 样机外观　　　　　　(b) 形状自适应能力

图 7-30　仿生吞食封闭环软体抓持机器人实物图

(2) 高效仿生吞食机器人

高效仿生吞食机器人的样机如图 7-32(a) 所示，循环拨片结构由硅胶材料铸造而成，将其与刚性导轮架组装形成一个拨片运动单元，6 个拨片单元周向均匀布置构成刚软耦合吞食结构。在致动方式上本设计采用 6 个减速电机驱动拨片循环运动，当然也可以通过合适的传动结构实现单电机致动，但是复杂吞食结构不利于模块化设计，利用刚性电机致动效率高的优点完全可以满足吞食结构的尺寸和质量要求。拨片运动单元的布置数量不仅仅局限于 6 个，根据使用需求可以布置 3~8 个，但拨片的几何形状要随之改变以充满整个腔体。电机通过传动带驱动导轮，过载卡顿时能对吞食结构和被吞食物形成有效保护。高效吞食结构依然具有良好的自适应性，通过 6 组拨片的协调弯曲能够轻松应对各种几何形状，如图 7-32(b) 所示。通过控制电机正反转能够实现物体的吞吐过程，如图 7-32(c) 所示。

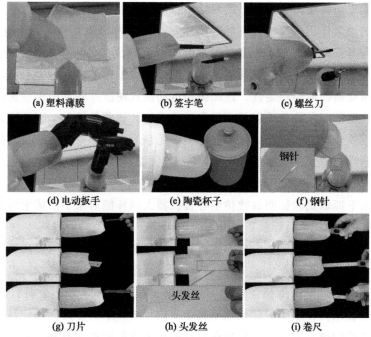

(a) 塑料薄膜　　　　(b) 签字笔　　　　(c) 螺丝刀

(d) 电动扳手　　　　(e) 陶瓷杯子　　　　(f) 钢针

(g) 刀片　　　　(h) 头发丝　　　　(i) 卷尺

图 7-31　仿生吞食封闭环软体抓持机器人多目标抓取实验

(a) 样机　　　　　　　　(b) 形状自适应能力

(c) 吞吐操作能力

图 7-32　高效仿生吞食机器人样机与操作性能

　　与柔顺导向体结构相比循环拨片结构难以对细小的物体实施有效抓取，受刚性导轮架的约束作用拨片结构不能对尺寸超过腔体内切圆直径的物体进行抓取，但拨片结构具有吞食效率高、多姿态承载能力强的优势。由于采用多电机致动，周向拨片运动过程中会出现不同步现象，设计过程中考虑了这一因素，通过规划拨片的数量提高抓取的稳定性。连续循环运动模式使拨片吞食结构能连续吞食多个物体，在尾部配备收集装置能进行高效的采集、捕获等任务。刚软耦合结构尤其是采用刚性致动方式的软体结构容易实现无系留化，两种结构的吞食机器人均采用电机致动的方式，无系留的重点是实现电机的无系留控制，这在自动化领域是常规技术。

　　通过水下抓取试验证明高效仿生吞食机器人同样能对水下活体生物实施有效的抓持，如图 7-33 所示。水下生物选取了以螃蟹为代表的甲壳类生物和以章鱼为代表的纯软体生物，试验发现吞食机器人对章鱼的抓取效率明显高于螃蟹，螃蟹的蟹钳和蟹腿对吞食产生了干扰，甚至有时蟹钳会夹住拨片结构，但高效吞食机器人的连续吞食模式依然能成功实施抓持和释放动作，并不会对目标造成伤害。拨片吞食结构在水中的使用效果优于室内环境，水的浮力作用使目标更容易进入吞食结构腔体，并且试验发现在目标的正上方抓取更为有利。高效仿生吞食机器人在保证良好柔顺性和安全性的同时，具备较高的采集效率，在水下样本采集和海产品捕捞方面具有广泛的应用前景，有望将潜水员从繁重危险的潜水任务中解放出来。

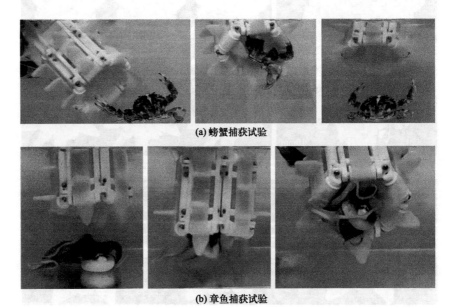

(a) 螃蟹捕获试验

(b) 章鱼捕获试验

图 7-33　高效仿生吞食机器人活体抓捕试验

第**8**章

移动机器人常用驱动电机

8.1 直流电机

直流电机是指能将直流电能转换成机械能（直流电动机）或将机械能转换成直流电能（直流发电机）的旋转电机。它是能实现直流电能和机械能互相转换的机械。当它作电动机运行时是直流电动机，将电能转换为机械能；作发电机运行时是直流发电机，将机械能转换为电能。

直流电机一般可以分为直流有刷电机和直流无刷电机，区别是是否配置常用的电刷和换向器。有刷直流电机的换向一直是通过石墨电刷与安装在转子上的环形换向器相接触来实现的，而直流无刷电机则通过霍尔传感器把转子位置反馈回控制电路，使其能够获知电机相位换向的准确时间。

有刷电机的基本结构如图 8-1 所示，其通过电刷装置引入或引出电压和电流。有刷电机是所有电机的基础，它具有启动快、制动及时、可在大范围内平滑地调速、控制电路相对简单等特点。

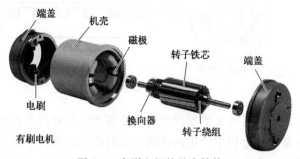

图 8-1 有刷电机的基本结构

无刷电机的基本结构如图 8-2 所示，其由电机主体和驱动器组成，是一种典型的机电一体化产品。无刷电机采取电子换向，线圈不动，磁极旋转。无刷电机是使用一套电子设备，通过霍尔元件，感知永磁体磁极的位置，根据这种感知，使用电子线路，适时切换线圈中电流的方向，保证产生正确方向的磁力，来驱动电机，消除了有刷电机的缺点。

图 8-2　一般无刷电机的基本结构

目前针对直流有刷电机转子和无刷电机转子，都研发有不同款式的直流有刷转子动平衡机和无刷转子动平衡机，可快速修正转子的动平衡，使其平衡精度更高。

直流电机的励磁方式是指对励磁绕组供电，产生励磁磁通势而建立主磁场的问题。根据励磁方式的不同，直流电机可分为他励直流电机、并励直流电机、串励直流电机、复励直流电机。直流电机的机械特性和调节特性的线性度好，调速范围广，寿命长，维护方便噪声小。

(1) 直线电机机构和工作原理

直线电机是一种将电能直接转换成直线运动机械能，而不需要任何中间转换机构的传动装置。它可以看成是一台旋转电机按径向剖开，并展成平面，由定子演变而来的一侧称为初级，由转子演变而来的一侧称为次级，如图 8-3 所示。

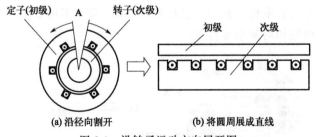

图 8-3　沿转子运动方向展开图

直线电机与旋转电机的工作原理相同，能够产生相对运动都是由于气隙磁场的作用，不同的是旋转电机中产生的磁场为旋转磁场，使转子相对于定子产生旋转运动，而直线电机中为行波磁场，输入电能通过行波磁场转化为电磁推力，从而驱使直线电机的初级和次级产生相对直线运动。在实际应用时，将初级和次级制造成不同的长度，以保证在所需行程范围内初级与次级之间的耦合保持不变。

直线电机可以是短初级长次级，也可以是长初级短次级。

（2）直线电机的特点

直线电机特别适用于直线运动场合。与传统旋转电机相比，采用直线电机驱动的装置具有以下优点：

① 直线电机直接产生直线运动，动子一般和负载直接相连，省去了丝杠、齿轮或者链条等中间传动机构，提高了传递效率；

② 直线电机不仅本身结构简单，而且中间传动连接附件少，从而简化了运动系统结构，提高了系统的可靠性，减小了机械摩擦带来的噪声干扰；

③ 直线电机加速度大，可以在短行程内产生极高的直线速度；

④ 直线电机不受离心力束缚，因此直线运行速度无限制；

⑤ 直线电机初级具有规则形状，安放电枢绕组之后可以使用环氧树脂等进行封装，使其不易受雨水以及化学气体或液体的侵蚀，可应用于恶劣工作环境中。

由于直线电机的固有结构形式，与旋转电机相比，也存在一些无法避免的缺点：

① 直线电机的结构具有多样性，其结构根据应用场合的不同千差万别，与已经系列化的旋转电机相比，直线电机主要应用于一些特殊场合，需求量小，生产厂家也较少，很难形成统一的、规格化的直线电机配件，因此限制了直线电机的发展；

② 由于材料、加工精度以及电气性能等原因导致直线电机的气隙比旋转电机的大，直线电机的效率和功率因数均低于同等规格的旋转电机；

③ 直线电机具有开断的初级结构，磁场不对称，由此产生了端部效应，由于端部效应存在使励磁电流存在畸变，带来了推力波动等问题；

④ 直线电机的机械加工精度要求高，成本较高。

（3）直线电机的分类

按照不同标准可以将直线电机分成多种类型。按照工作电源类型可以分为直流直线电机和交流直线电机。其中交流直线电机按照工作原理可分为直线感应电机和直线同步电机，直线同步电机根据励磁方式的不同又分为永磁式、电磁式、混合励磁式直线电机等。按照形状可分为圆柱形、U 形槽式及平板式等类型。

① 圆柱形。圆柱形动磁体直线电机动子是圆柱形结构，沿固定着磁场的圆柱体运动。这种电机是最开始进行商业应用的电机，但是不能用于要求节省空间的平板式和 U 形槽式直线电机场合。圆柱形动磁体直线电机的磁路与动磁执行器相似。区别在于圆柱形动磁体直线电机的线圈可以复制以增加行程。典型的线圈绕组是三相组成的，使用霍尔装置实现无刷换相。推力线圈是圆柱形的，沿磁棒上下运动。这种结构不适合应用在对磁通泄漏敏感的场合。必须小心操作，保

证手指不卡在磁棒和有吸引力的侧面之间。

管状直线电机设计的一个潜在的问题是，当行程增加，由于电机是完全圆柱的而且沿着磁棒上下运动，唯一的支撑点在两端，保证磁棒的径向偏差不至于导致磁体接触推力线圈的长度总会有限制。

② U 形槽式。U 形槽式直线电机有两个介于金属板之间且都对着线圈动子的平行磁轨。动子由导轨系统支撑在两磁轨中间。动子是非钢的，意味着无吸力且在磁轨和推力线圈之间无干扰力产生。非钢线圈装配具有惯量小，允许非常高的加速度等特点。线圈一般是三相的，无刷换相。可以用空气冷却法冷却电机来获得性能的增强，也有采用水冷方式的。这种设计可以较好地减少磁通泄漏，因为磁体面对面安装在 U 形导槽里。这种设计也最小化了强大的磁力吸引带来的伤害。

这种设计的磁轨允许组合以增加行程长度，但却局限于线缆管理系统可操作的长度、编码器的长度和机械构造的大而平的结构的能力。

③ 平板式。平板式直线电机（均为无刷）分为三种类型：无槽无铁芯、无槽有铁芯和有槽有铁芯。

无槽无铁芯平板式直线电机是一系列线圈安装在一个铝板上。由于没有铁芯，电机没有吸力和接头效应（与 U 形槽电机同）。该设计在某些应用中有助于延长轴承寿命。动子可以从上面或侧面安装以适合大多数应用。这种电机对要求控制速度平稳的应用是理想的，如扫描应用，但是平板磁轨设计产生的推力输出最低。通常，平板磁轨具有高的磁通泄漏。所以需要谨慎操作以防操作者受它们之间和其他被吸材料之间的磁力吸引而受到伤害。

无槽有铁芯平板式直线电机结构上和无槽无铁芯平板式直线电机相似。无槽有铁芯平板式直线电机的铁芯先安装在钢叠片结构上然后再安装到铝背板上，钢叠片结构用来指引磁场和增加推力。磁轨和动子之间产生的吸力和电机产生的推力成正比，叠片结构导致接头力产生。把动子安装到磁轨上时必须小心以免它们之间的吸力造成伤害。无槽有铁芯平板式直线电机比无槽无铁芯平板式直线电机有更大的推力。

有槽有铁芯平板式直线电机的铁芯线圈被放进一个钢结构里以产生铁芯线圈单元。通过聚焦线圈产生的磁场铁芯有效增强电机的推力输出。铁芯电枢和磁轨之间强大的吸引力可以被预先用作气浮轴承系统的预加载荷。这些力会增加轴承的磨损，磁铁的相位差可减少接头力。

(4) 直线电机控制策略

由于直线电机和旋转电机基本原理一致，因此直线电机调速系统中最常用的也是 v/f 控制、矢量控制和直接推力控制这三种控制方式。

① v/f 控制。v/f 控制就是恒压频比控制，这种控制方式实现容易，适

用性强，在调速性能要求不高和负载变化较小的控制系统中，如风机、水泵等，采用 v/f 控制可以满足该类系统平滑调速要求。这种控制方式在额定频率以下调速时保持压频比恒定，相当于恒磁通调速控制；在额定频率之上时，保持电压输出不变，近似为恒功率调速控制。v/f 控制虽然具有控制方式简单的特点，但是其动态性能和控制精度都不高，尤其是负载突变时，速度变化非常明显，而且调整时间长。在低速运行时，其转矩或推力输出能力变差，往往需要进行电压补偿，而对于变化的负载，补偿很难精确控制，容易出现过补偿或欠补偿等情况。

② 矢量控制。矢量控制也称为磁场定向控制（field oriented control，FOC），德国西门子公司的 F. Blaschke 于 20 世纪 70 年代提出应用于感应电机的矢量控制理论。矢量控制技术出现之后，就因其优异的控制性能而广泛应用于感应电机和同步电机调速控制系统中。其中感应电机矢量控制又分为直接矢量控制和间接矢量控制。矢量控制初衷就是将交流电机模拟成直流电机，从而使其获得和直流电机一样的高性能调速控制。矢量控制的原理就是以坐标变换为基础，将电机定子电流分解成两个相互垂直的分量，其中一个相当于直流电机的转矩电流分量，另一个相当于直流电机的励磁电流分量，这样即可在调速过程中对这两个电流分量分别进行控制，从而实现转矩和励磁的分别控制。其中基于电机转子（动子）磁场定向的矢量控制可以实现转矩电流和励磁电流的解耦控制，是目前最常用的矢量控制类型。

③ 直接推力控制。直线电机的直接推力控制（dierct thrust control，DTC）是由旋转电机的直接转矩控制（dierct torque control，DTC）演化而来。日本学者 Takahashi 和德国学者 Depenbrock 都针对交流感应电机提出了直接转矩控制理论。Takahashi 提出的直接转矩控制方式是通过查询电压矢量表从而实现电机定子磁链和转矩的调节，是目前应用最广泛的直接转矩控制方式，也称为圆形磁链直接转矩控制。Depenbrock 提出的直接转矩控制思想也称为直接自控制（direct self-control，DSC），是通过控制基本电压矢量按照预先设定的定子磁链幅值进行切换，并通过插入零矢量调节电机的转矩，这种直接转矩控制也称为六边形磁链直接转矩控制。直接转矩控制不需要复杂的坐标变换，而是直接在电机定子坐标系上计算磁链和转矩大小，并且不依靠电机的数学模型，控制结构简单，动态转矩响应迅速，广泛应用于感应电机和同步电机调速系统中。

8.2　步进电机

步进电机是利用电磁铁原理，将脉冲信号转换成线位移或角位移的驱动元件，是一种专门用于速度和位置精确控制的特种电机。输入的脉冲称为控制脉冲，每输入一个控制脉冲，电机转动一个角度，它的运动形式是步进式的，所以称为步进电机，每一步的转角称为步距角。从控制系统角度看，步进电机不需要检测装置反馈输出角位移，是一种开环元件。

8.2.1 步进电机的基本原理

步进电机按照结构及励磁方式的不同可分为三类：反应式步进电机、永磁式步进电机和混合式步进电机。

(1) 反应式步进电机

反应式步进电机的转子是由软磁材料制成的带有凸起磁极的圆柱体，且转子无线圈。定子由硅钢片叠压制成，定子磁极对数比转子磁极对数少一。定子每两个空间相对的磁极上绕有一相串联控制线圈。图 8-4 是三相反应式步进电机工作原理图。定子铁芯共有三对磁极，转子有两对磁极。

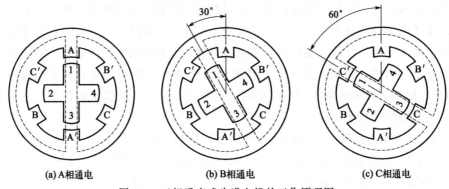

(a) A相通电　　　　　(b) B相通电　　　　　(c) C相通电

图 8-4　三相反应式步进电机的工作原理图

当 A 相控制线圈通电，其余两相均不通电时，电机内建立以定子 A 相极为轴线的磁场。由于磁通总是沿磁阻最小路径传递，所以在反应转矩的作用下转子齿 1、3 的轴线与定子 A 相极轴线对齐，如图 8-4(a) 所示。若 A 相控制线圈断电、B 相控制线圈通电时，转子将逆时针转过 30°，使转子齿 2、4 的轴线与定子 B 相极轴线对齐，即转子走了一步，如图 8-4(b) 所示。同样的，断开 B 相，接通 C 相，转子又将逆时针转过 30°，如图 8-4(c) 所示。如此按 A—B—C—A 顺序轮流通电，转子就会一步一步地按逆时针方向转动。转速取决于各相控制线圈通电与断电的频率，旋转方向取决于控制线圈轮流通电的顺序。若按 A—C—B—A 顺序通电，则电机按顺时针方向转动。

这种通电方式称为三相单三拍。"单三拍"是指每次只有一相控制线圈通电，改变三次通电状态为一个循环，控制线圈每改变一次通电状态称为一拍。三相单三拍运行时，步距角为 30°。显然，这个角度太大，不能付诸实用。如果把控制线圈的通电方式改为 A—AB—B—BC—C—CA—A，即一相通电接着二相通电间隔地轮流进行，这种通电方式称为三相单、双六拍。当 A、B 两相线圈同时通电时，转子齿将位于 A 相极和 B 相极对转子齿所产生的磁拉力相平衡的中间位置。这样，三相单、双六拍通电方式下转子步距角减小一半，为 15°。

还可以通过采用定、转子磁极带有小齿的结构来进一步减小步距角，如图 8-5 所示。当某一对磁极通电时，转子小齿与该定子磁极小齿对齐，而与其他定子磁极小齿齿隙对齐。这样电机的步距角就是转子一个或半个小齿对应的圆心角。反应式步进电机步距角小，启动与运行频率较高，但是精度较低。

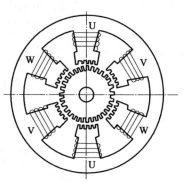

图 8-5　磁极带小齿的感应同步电机

（2）永磁式步进电机

永磁式步进电机采用径向永磁转子结构，磁极数可为二极至数十极。定子沿轴向可分为二至四段，每段包含两组励磁线圈，脉冲电流产生的磁场和转子永磁磁场相互作用而产生旋转转矩。图 8-6 所示是永磁式步进电机中单段定子的工作原理，这时的步距角为 90°。永磁式步进电机的步距角大，启动与运行频率低，要求供正、负脉冲电流，但消耗功率比反应式小。当定子线圈中没有电流时，在永磁体自身的磁场与定子铁芯的作用下，转子总会保持在使磁路磁阻最小的位置，即永磁式步进电机有自锁转矩。

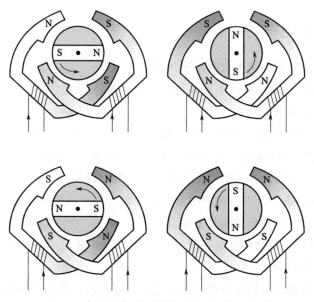

图 8-6　永磁式步进电机单段定子工作原理图

(3) 混合式步进电机

混合式步进电机兼具反应式和永磁式的特点。如图 8-7 所示，混合式步进电机一般为两段式构造，每段构造与感应式步进电机相类似，两段转子铁芯相错0.5 个齿的角度，而两端定子对应磁极共用一组线圈。转子在两段中间装有轴向磁化的永磁体。永磁体产生的磁通通过转子铁芯、气隙和定子形成闭合回路，在定子线圈不通电的情况下维持转子位置。混合式步进电机具有维持转矩、步距角精度高、输入电流小等优点，是当前应用最广泛的步进电机。

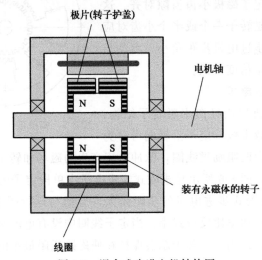

图 8-7　混合式步进电机结构图

8.2.2　步进电机的控制

从控制的角度看步进电机有许多优点：

① 电机旋转的角度正比于脉冲数，速度正比于脉冲频率，因此角位移控制与速度控制十分容易实现；

② 每步位置精度高且不会将误差积累到下一步，有比较宽的转速范围；

③ 电机的响应仅取决于数字输入脉冲，因而可以得到优秀的启、停和反转响应，还可以采用开环控制来简化控制系统结构并降低成本；

④ 当线圈励磁，电机停转的时候具有最大的转矩，能很好地保持转子位置，还能够在低转速时实现负载的直接驱动；

⑤ 由于步进电机没有电刷，所以可靠性高，寿命长，实际上电机的寿命仅仅取决于轴承的寿命。

但步进电机难以运转到较高转速，当速度过高时，会产生振动和噪声。步进电机也难以获得较大的转矩。如果控制不当，还容易产生共振。能源利用率较低，在体积重量方面没有优势。

（1）步进电机驱动器

步进电机需要专门的驱动装置供电，称为驱动器。驱动器和步进电机是一个有机的整体，步进电机的性能是电机及驱动器二者配合所反映的综合效果。一般来说，每一台步进电机都有对应的驱动器，由步进电机生产厂家提供。驱动器的作用是将微处理器送来的控制信号按照要求的配电方式自动地循环供给电机各相绕组，以驱动电机转子正反向旋转。

步进电机驱动器由脉冲分配器、功率放大器组成，如图 8-8 所示。

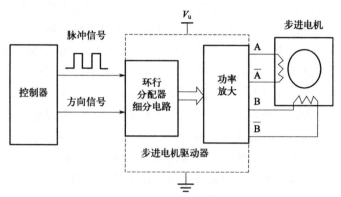

图 8-8　步进电机控制系统组成

脉冲分配器是一个数字逻辑单元，它接收来自控制器的脉冲信号和转向信号，把脉冲信号按一定的逻辑关系分配到每一相脉冲放大器上，使步进电机按选定的运行方式工作。由于步进电机各相绕组是按一定的通电顺序并不断循环来实现步进功能，因此脉冲分配器也称为环形分配器。实现这种分配功能的方法有多种，可由双稳态触发器和门电路实现，也可由可编程逻辑器件实现。

功率放大器也称脉冲放大器，进行脉冲功率放大。从微控制器输出口或从环形分配器输出的信号脉冲电流一般只有几毫安，不能直接驱动步进电机，必须采用功率放大器将脉冲电流进行放大，使其增加到几至十几安培，从而驱动步进电机运转。此外，输出的脉冲波形、幅度、波形前沿陡度等因素对步进电机运行性能有重要的影响。这些参数可以在功率放大器中完成调整。

（2）控制原理

步进电机的角位移与步数成正比，转速与步频成正比，微处理器通过改变输出脉冲的频率来实现精确调速，控制脉冲数就可以精确定位。脉冲序列用周期、脉冲高度、接通和断开电源的时间来表示。脉冲序列生成常通过软件延时来实现。高低电平时间长短由步进电机的工作频率决定。步进电机旋转方向和内部线圈的通电顺序有关。

步距角与转速计算：

$$\beta = \frac{\tau}{\text{拍数}} = \frac{360°}{ZKm}$$

$$n = \frac{60}{Kmz}f \tag{8.1}$$

式中，β 为步距角，(°)；τ 为齿距，$\tau = \frac{360°}{Z}$；n 为转子转速，r/min；f 为脉冲序列频率；K 为状态系数，三拍时，$K=1$，六拍时，$K=2$；m 为相数；z 为转子齿数。

控制步进电机运行时，应注意防止步进电机运行中的失步。步进电机失步包括丢步和越步两种。丢步时，转子前进的步数小于脉冲数。越步时，转子前进的步数多于脉冲数。丢步严重时，转子将停留在一个位置上或围绕一个位置振动，设备甚至将发生过冲。当步进电机驱动设备回归原点时，如果到达原点前速度过高，惯性转矩将大于步进电机的保持转矩而使步进电机越步。因此回原点的操作应确保足够低速为宜。当步进电机驱动设备高速运行时紧急停止，出现越步情况不可避免，因此急停复位后先低速返回原点重新校准，再恢复原有操作。此外，如果机械部件调整不当，会使机械负载增大。步进电机不能过负载运行，哪怕是瞬间，都会造成失步，严重时停转或不规则原地反复振动。

由于电机线圈本身是感性负载，输入频率越高，励磁电流就越小。频率高，磁通量变化加剧，涡流损失加大。因此，输入频率增高，输出力矩降低。最高工作频率的输出力矩只能达到低频转矩的 40%～50%。进行高速定位控制时，如果指定频率过高，会出现丢步现象。

(3) 细分驱动

细分驱动是通过控制技术（其实质是电子阻尼技术）通过步距角进一步细化来实现角度的精细化，这有助于减缓电机的振动和实现更准确的定位，主要应用于超低速、低噪声（振动）要求的场合。但细分并不是越小越好，一方面会造成运转速度下降，另一方面也会造成程序运算缓慢。步距角的细分并没有从根本上改变电机本身的精度，电机的精度由它的制造精度（如齿距或齿隙的公差）决定。

阶梯式正弦波形电流按固定时序分别流过三路绕组，每个阶梯对应电机转动一步。通过改变驱动器输出正弦电流的频率来改变电机转速，而输出的阶梯数确定了每步转过的角度，角度越小，那么其阶梯数就越多，即细分数就越大，从理论上说此角度可以设得足够小，所以细分数可以很大。

8.2.3　步进电机的基本特性与应用

步进电机的特性分为静态特性和动态特性。

（1）主要性能指标

① 相数。相数是指步进电机定子内部的线圈组数。目前常用的有二相、三相、四相、五相步进电机。电机相数不同，其步距角也不同，一般二相电机的步距角为 0.9°/1.8°、三相的为 0.75°/1.5°、五相的为 0.36°/0.72°。在没有细分驱动器时，用户主要靠选择不同相数的步进电机来满足步距角的要求。如果使用细分驱动器，用户只需在驱动器上改变细分数，就可以改变步距角。

② 步距角与步距差。步距角是指当输入一个电脉冲信号时电机转子所转过的一个固定角度。电机出厂时给出了一个步距角的值，这个步距角可以称为"电机固有步距角"，它不一定是电机实际工作时的真正步距角，真正的步距角和驱动器有关。

不同的应用场合，对步距角大小的要求不同。它的大小直接影响步进电机的启动和运行频率。步距角越小，控制越精确。步距角一定时，通电状态的切换频率越高（即脉冲频率越高），步进电机的转速越高。脉冲频率一定时，步距角越大（相当于转子旋转一周所需的脉冲越少），步进电机的转速越高。由于步距角和转速、脉冲频率之间的制约关系，在实际选用步进电机时，应视工况侧重于精度还是速度来确定。一般情况下，多选用价格相对较为低廉的二相步进电机，对控制精度有较高要求时才用更大相数的步进电机。

步距差是理想的步距角和实际的步距角之差。步距差小，表示电机精度高。

③ 启动频率和运行频率。启动频率是指空载时电机由静止突然启动并进入不丢步正常运行所允许的最高脉冲频率，也称突跳频率。

运行频率是指步进电机启动后，当控制脉冲频率连续上升时，电机能不失步的最高频率。

④ 保持转矩与定位转矩。保持转矩指步进电机各相绕组通额定电流，且处于静态锁定状态时能输出的最大转矩。

通常步进电机在低速时的输出力矩接近保持转矩。当步进电机转动时，电机各相绕组的电感将形成一个反向电动势，频率越高，反向电动势越大。在反向电动势的作用下，电机随频率（或速度）的增大而相电流减小，从而导致转矩下降。由于步进电机的输出转矩随速度的增大而不断衰减，输出功率也随速度的增大而变化，所以保持转矩就成为了衡量步进电机最重要的参数之一。例如，当说到 2N·m 的步进电机，在没有特殊说明的情况下是指保持转矩为 2N·m 的步进电机。

定位转矩是指电机各相绕组不通电且处于开路状态时，定子锁住转子的力矩。永磁式或混合式步进电机转子上有永磁材料可产生磁场，从而产生定位转矩。反应式步进电机的转子不是永磁材料，所以它没有定位转矩。一般定位转矩远小于保持转矩。

⑤ 启动转矩和最大动转矩。电机启动瞬间产生的转矩称为启动转矩，电机如受到比这一转矩更大的摩擦负载，则无法启动。通常，单相电机启动转矩为额定转矩的 60％～70％，三相电机启动转矩为额定转矩的 2～3 倍。

电机运行时的输出转矩称为动态转矩，它随控制脉冲频率的不同而改变。脉冲频率增加，动态转矩变小。最大动转矩是指步进电机转子转动情况下的最大输出转矩值，它与运行频率有关。

⑥ 静转矩和失调角。静转矩是指不改变控制绕组通电状态，即转子不转情况下的电磁转矩。它是绕组内的电流及失调角（转子偏离空载时的初始稳定平衡位置的电角度）的函数。当绕组内的电流值不变时，静转矩与失调角的关系称为矩角特性。

最大静转矩是指步进电机在规定的通电相数下矩角特性的最大转矩值。一般说来，最大静转矩较大的电机可以带动较大的负载转矩。

在空载状态下，接通步进电机某相，转子达到稳定状态时，转子与定子上的某极对齐，并且输出转矩为零。当转子带有负载力矩通电时，转子就不能再和定子上的某极对齐，而是相差一定的角度，该角度所形成的电磁转矩正好和负载力矩相平衡，这个角度称为失调角。

失调角影响步进电机的精度，而且它随着负载力矩的变化而变化。失调角太大，下一个脉冲到来时，会使步进电机失控，即它不能按原来的方向走步，反而会向反方向走步。失调角在 ±180° 的范围内的区域称为步进电机的静态稳定区。

步进电机所能带的静转矩是受到限制。其最大静转矩一般均在产品说明中给出，使用中不要超过此值。

⑦ 额定电流。额定电流是指步进电机不动时每一相绕组允许通过的电流。当电机运转时，每相绕组通过的是脉冲电流，电流表指示的读数是脉冲电流平均值。绕组电流太大，电机温升会超过容许值。

⑧ 额定电压。额定电压是指驱动电源应供给的电压，一般不等于加在绕组两端的电压。

(2) 静态特性

静态特性是指步进电机在静止状态时的特性，包括静转矩、矩角特性等。

矩角特性是指在单脉冲、电流不变的情况下，步进电机的静转矩 T 与转子失调角 θ 之间的关系曲线。单相通电时矩角特性如图 8-9（a）所示，零位表示转子处于平衡点的位置，当失调角为 $\pi/2$ 时，静态转矩最大，用 T_{max} 表示最大静态转矩。

(3) 动态特性

动态特性是指步进电机启动和旋转时的特性，动态特性将直接影响系统的快速响应及工作可靠性。动态特性包括启动转矩、动转矩、矩频特性、运行频率等。矩频特性如图 8-9(b) 所示，施加空载启动区范围内的频率和转矩，电机可以正常启动且同步旋转，它的上限频率称为最大启动频率；施加工作区内的转矩或输入频率，电机保持不失步旋转，它的上限频率称为最大响应频率。牵入转矩也称启动转矩，指步进电机在给定速度下能克服自身和负载惯量及外接负载直接启动的最大转矩。牵出转矩也称失步转矩，指步进电机在规定驱动条件下在给定脉冲频率下运行，不失步时转轴上所能承受的最大负载转矩。

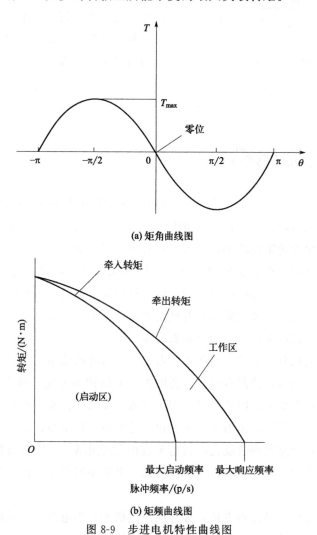

(a) 矩角曲线图

(b) 矩频曲线图

图 8-9　步进电机特性曲线图

步进电机选择一般应遵循以下步骤：

① 电机最大速度选择。步进电机最大速度一般在 600～1200r/min。

② 电机定位精度的选择。机械传动比确定后，可根据控制系统的定位精度

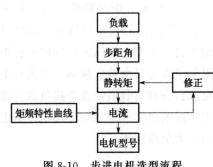

图 8-10　步进电机选型流程

选择步进电机的步距角及驱动器的细分等级。一般选电机的一个步距角对应于系统定位精度的 1/2 或更小。

注意：当细分等级大于 1/4 后，步距角的精度不能保证。

③ 电机力矩选择。步进电机的动态力矩很难确定，先确定电机的静力矩。静力矩选择的依据是电机工作的负载，而负载可分为惯性负载和摩擦负载两种。直接启动时两种负载均要考虑，加速启动时主要考虑惯性负载，恒速运行只需考虑摩擦负载。一般情况下，静力矩应为摩擦负载的 2～3 倍，静力矩一旦选定，电机的机座及长度便能确定下来（几何尺寸）。步进电机选型流程如图 8-10 所示。

8.3　伺服电机

伺服电机（servo motor）是指在伺服系统中控制机械元件运转的发动机，是一种补助电机间接变速装置。伺服电机可以控制速度，位置精度非常高，可以将电压信号转化为转矩和转速以驱动控制对象。伺服电机转子转速受输入信号控制，并能快速反应，在自动控制系统中，用作执行元件，且具有机电时间常数小、线性度高等特性，可把所收到的电信号转换成电机轴上的角位移或角速度输出。伺服电机分为直流和交流伺服电机两大类，其主要特点是，当信号电压为零时无自转现象，转速随着转矩的增加而匀速下降。

直流伺服电机分为有刷电机和无刷电机。有刷电机成本低，结构简单，启动转矩大，调速范围宽，控制容易，需要维护，但维护不方便（换电刷），产生电磁干扰，对环境有要求。因此它可以用于对成本敏感的普通工业和民用场合。无刷电机体积小，重量轻，出力大，响应快，速度高，惯量小，转动平滑，力矩稳定；控制复杂，容易实现智能化，其电子换相方式灵活，可以方波换相或正弦波换相；电机免维护，效率很高，运行温度低，电磁辐射很小，长寿命，可用于各种环境。

交流伺服电机也是无刷电机，分为同步电机和异步电机，运动控制中一般都用同步电机，它的功率范围大，惯量大，最高转动速度低，且随着功率增大而快速降低。因而适合做低速平稳运行的应用。每一类还可细分为单相和多相。单相电机常用于功率要求低的场合，多相电机则相反。

直流伺服电机外形如图 8-11 所示，交流感应电机外形如图 8-12 所示。

图 8-11　直流伺服电机

图 8-12　交流感应电机

8.3.1　直流伺服电机

(1) 特点介绍

① 直流无刷伺服电机特点：转动惯量小、启动电压低、空载电流小；弃接触式换向系统，大大提高电机转速，最高转速高达 100000r/min；无刷伺服电机在执行伺服控制时，无需编码器也可实现速度、位置、转矩等的控制；不存在电刷磨损情况，除转速高之外，还具有寿命长、噪声低、无电磁干扰等特点。

② 直流有刷伺服电机特点：体积小，动作快反应快，过载能力大，调速范围宽；低速力矩大，波动小，运行平稳；低噪声，高效率；后端编码器反馈（选配）构成直流伺服等优点；变压范围大，频率可调。

(2) 组成结构

直流伺服电机包括定子、转子铁芯、电机转轴、伺服电机绕组换向器、伺服电机绕组、测速电机绕组、测速电机换向器等器件，其中转子铁芯由硅钢冲片叠压固定在电机转轴上构成，如图 8-13 所示。

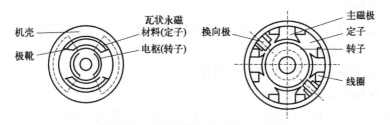

图 8-13　直流伺服电机的结构示意图

定子的主要作用是产生磁场，由机座、主磁极、换向极、端盖、轴承和电刷装置等组成。运行时转动的部分称为转子，其主要作用是产生电磁转矩和感应电动势，是直流电机进行能量转换的枢纽，所以通常又称为电枢，由转轴、电枢铁芯、电枢绕组、换向器和风扇等组成。

(3) 工作原理

直流伺服电机主要靠脉冲来定位，伺服电机接收到1个脉冲，就会旋转1个脉冲对应的角度，从而实现位移。因为伺服电机本身具备发出脉冲的功能，所以伺服电机每旋转一个角度，都会发出对应数量的脉冲，这样就和伺服电机接收的脉冲形成了呼应，或者叫闭环。如此一来，系统就会知道发了多少脉冲给伺服电机，同时又收了多少脉冲回来，这样就能够很精确地控制电机的转动，从而实现精确的定位，可以达到 0.001mm。

直流伺服电机的工作原理与直流电机相同，供电方式采用他励供电，励磁绕组和电枢分别由两个独立的电源供电，如图 8-14 所示。

直流伺服电机的机械特性与他励直流电机相同，可用下式表示：

$$n = \frac{U_2}{K_E \Phi} - \frac{R_a}{K_E K_T \Phi^2} T \qquad (8.2)$$

其中，n 为电机转速；U_2 为电枢电压；Φ 为磁通；K_E 为电机返电势系数；K_T 为力矩系数；R_a 为电枢绕组电阻；T 为电磁转矩。

机械特性曲线如图 8-15 所示。

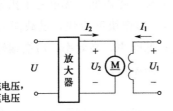

图 8-14　直流伺服电机的接线图

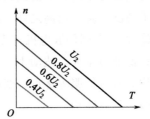

图 8-15　直流伺服电机的
$n = f(T)$ 曲线（U_2＝常数）

由机械特性可知：

① 一定负载转矩下，当磁通 Φ 不变时，U_2 增加，n 也随之增加。

② $U_2 = 0$，电机立即停转。

③ 电机反转，改变电枢电压的极性。

(4) 伺服驱动器

直流伺服电机驱动器包含完整的三闭环系统，包括电流闭环、速度闭环、位置闭环。

直流伺服电机驱动器连接直流伺服电机控制器与电机本体，从控制器接收控制信号，按照 PWM（脉冲宽度调制）大小调节驱动电压供给到电机，方向电平反转时电流反向。如图 8-16 所示，输入量为频率，是固定值（驱动器会有最大频率的限制，一般在最大范围内选定一个具体值后固定），占空比可调（后续闭环控制要求占空比最小要 0.1％可调即可以精确调至小数点后一位）的 PWM 波用来控制电机转速，方向电平用来控制电机转向，输出量为对应的变化电压。

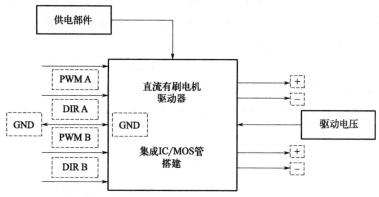

图 8-16　直流伺服电机驱动器基本功能图

直流伺服电机驱动器内部结构如图 8-17 所示，板载保护电路，降低驱动器在异常工作条件下受损的可能，保护状态由指示灯实时输出。全电气隔离输入增强了主控 MCU（微控制单元）电路安全性，更可显著提高系统电磁兼容性能。

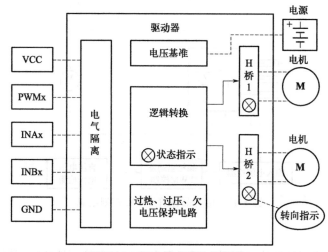

图 8-17　驱动器内部结构简图

（5）直流伺服电机控制模式

直流伺服电机的控制方式主要有两种：一种是电枢电压控制，即在定子磁场不变的情况下，通过控制施加在电枢绕组两端的电压信号来控制电机的转速和输出转矩；另一种是励磁磁场控制，即通过改变励磁电流的大小来改变定子磁场强度，从而控制电机的转速和输出转矩。

采用电枢电压控制方式时，由于定子磁场保持不变，其电枢电流可以达到额定值，相应的输出转矩也可以达到额定值，因而这种方式又被称为恒转矩调速方式。而采用励磁磁场控制方式时，由于电机在额定运行条件下磁场已接近饱和，因而只能通过减弱磁场的方法来改变电机的转速。由于电枢电流不允许超过额定值，因而随着磁场的减弱，电机转速增加，但输出转矩下降，输出功率保持不变，所以这种方式又被称为恒功率调速方式。

直流伺服电机普遍采用电枢电压控制，其电枢电压常称为控制电压，而电枢绕组也常称为控制绕组。现代大、中容量可控直流电源主要采用晶闸管可控整流电源，小容量时常采用电力晶体管 PWM 控制电源，如图 8-18 和图 8-19 所示。

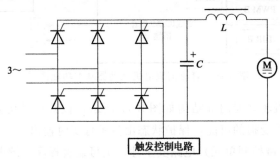

图 8-18　晶闸管可控整流电源

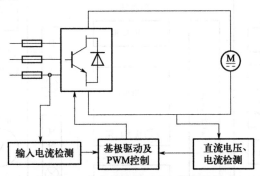

图 8-19　电力晶体管 PWM 控制电源

采用晶闸管可控整流电源时，可根据电机容量和控制性能的不同要求，选用三相或单相、全控桥式或半控桥式整流电路。电机要求正反转控制时，可采用电枢极性切换方式或励磁极性切换方式，也可采用两组桥式电路反并联接法的无触点切换方式。

采用晶闸管可控整流电源的优点是控制的快速性好、效率高，设备的占地面积小、噪声低。缺点是晶闸管电路注入交流电网的电流中，含有一系列高次谐波，将对交流电网造成一定的谐波污染。

电力晶体管 PWM 控制电源的三角波调制频率远大于交流电源频率，可以进行近似正弦波的 PWM 电流控制。这种控制方式优点在于，电力晶体管电路从电网输入电流的谐波含量小，其波形近似为正弦波。因此小容量可控整流电源大多采用电力晶体管 PWM 可控电源。

(6) 直流伺服电机应用

直流伺服电机应用在各类数字控制系统中的执行机构驱动上，以及需要精确控制恒定转速或需要精确控制转速变化曲线的动力驱动上。由于直流伺服电机既具有交流电机的结构简单、运行可靠、维护方便等一系列优点，又具有直流电机的运行效率高、无励磁损耗以及调速性能好的特点，故在当今国民经济的各个领域，如医疗器械、仪表仪器、化工、轻纺以及家用电器等方面的应用日益普及。

直流伺服电机的应用主要分为以下几类：

① 定速驱动机械。一般不需要调速的领域以往大多是采用三相或单相交流异步和同步电机。随着电力电子技术的进步，在功率不大于 10kW 且连续运行的情况下，为了减少体积，节省材料，提高效率和降低能耗，越来越多的电机正被直流伺服电机逐步取代，这类应用有自动门、电梯、水泵、风机等。而在功率较大的场合，由于一次成本和投资较大，除了永磁电机外还要增加驱动器，因此目前较少有应用。

② 调速驱动机械。速度需要任意设定和调节，但控制精度要求不高的调速系统分为两种：一种是开环调速系统；另一种是闭环调速系统（此时的速度反馈器件多采用低分辨率的脉冲编码器或交、直流测速等）。通常采用的电机主要有三种：直流电机、交流异步电机和直流伺服电机。这在包装机械、食品机械、印刷机械、物料输送机械、纺织机械和交通车辆中有大量应用。调速应用领域最初用得最多的是直流电机，随着交流调速技术特别是电力电子技术和控制技术的发展，交流变频技术获得了广泛应用，变频器和交流电机迅速渗透到原来直流调速系统的绝大多数应用领域。由于直流伺服电机体积小、重量小和高效节能等一系列优点，中小功率的交流变频系统正逐步被直流伺服电机系统所取代，特别是在纺织机械、印刷机械等原来应用变频系统较多的领域，而在一些直接由电池供电的直流电机应用领域，则更多地由直流伺服电机所取代。

③ 精密控制。伺服电机在工业自动化领域的高精度控制中扮演了一个十分重要的角色，应用场合不同，对伺服电机的控制性能要求也不尽相同，在实际应用中，伺服电机有各种不同的控制形式：转矩控制、电流控制、速度控制、位置控制。直流伺服电机由于其良好的控制性能，在高速、高精度定位系统中逐步取代了直流电机与步进电机，成为其首选的伺服电机之一。目前，扫描仪、摄影机、CD 唱机驱动、医疗诊断 CT、计算机硬盘驱动及数控车床驱动中都广泛采用了直流伺服电机。

8.3.2 交流同步伺服电机

(1) 特点介绍

交流同步伺服电机内部的转子是永磁铁，驱动器控制的 U/V/W 三相电形成电磁场，转子在此磁场的作用下转动，同时电机自带的编码器反馈信号给驱动器，驱动器将反馈值与目标值进行比较，调整转子转动的角度。伺服电机的精度取决于编码器的精度（线数）。

特点如下：

① 控制速度非常快，从启动到额定转速只需几毫秒，而相同情况下异步电机却需要几秒；

② 启动转矩大，可以带动大惯量的物体进行运动；

③ 功率密度大，相同功率范围下相比异步电机可以把体积做得更小、重量做得更轻；

④ 运行效率高；

⑤ 可支持低速长时间运行；

⑥ 断电无自转现象，可快速控制停止动作。

(2) 组成结构

永磁交流伺服电机组成结构如图 8-20 所示。它主要由三部分组成：定子、转子和检测元件（转子位置传感器和测速电机）。其中，定子有齿槽，内有三相励磁线圈，形状与普通感应电机的定子相同。转子是永磁铁，检测元件为电机自带的编码器。

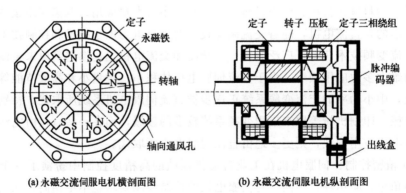

(a) 永磁交流伺服电机横剖面图　　　(b) 永磁交流伺服电机纵剖面图

图 8-20　永磁交流伺服电机组成结构

(3) 工作原理

当定子三相线圈通上交流电源后，就产生一个旋转磁场，该旋转磁场将以同步转速旋转。由于磁极同性相斥，异性相吸，该定子产生的旋转磁场与转子的永磁磁极互相吸引，并带着转子一起旋转，因此，转子也将以同步转速与旋转磁场一起旋转。当转子加上负载转矩之后，转子磁极轴线将落后定子磁场轴线一个 θ 角，随着负载增加，θ 也随之增大；负载减小时，θ 角也减小。只要不超过一定限度，转子始终跟着定子的旋转磁场以恒定的同步转速旋转。当负载超过一定极限后，转子不再按同步转速旋转，甚至可能不转，这就是同步电机的失步现象，此负载的极限称为最大同步转矩。

交流电机的转速 n 可以表示为：

$$n = n_0(1-s) = \frac{60f}{p}(1-s) \tag{8.3}$$

$$n = n_0(1-s) = \frac{60f}{p}(1-s)$$

式中，n_0 为同步转速；f 为电源频率；p 为定子磁极对数；s 为转差率。

不同的交流电机调整方法：

① 转子线圈串联电阻改变转差率，这种方法调速机械特性很软，低速运行时电阻损耗很大；

② 改变定子电压来改变转差率，这种方法损耗也很大；

③ 改变磁极对数来改变转速，这种方法调速是有级的，而且调整范围窄；

④ 改变定子供电频率，可以平滑地改变电机同步转速，这种方法最为理想，称为交流变频调速，其装置叫变频调整装置。

目前高性能的交流调整系统大都采用变频调速的方法来改变电机转速。为了保持在调速时电机最大转矩不变，需要维持磁通恒定，这时就需要定子供电电压做出相应调节。因此，对交流电机供电的变频器一般都要求兼有调频调压两种功能。

(4) 伺服驱动器

永磁交流同步伺服驱动器主要由伺服控制单元、功率驱动单元、通信接口单元、伺服电机及相应的反馈检测器件组成，其中伺服控制单元包括位置控制器、速度控制器、转矩和电流控制器等。伺服驱动器的系统控制结构及其外观如图 8-21 和图 8-22 所示。

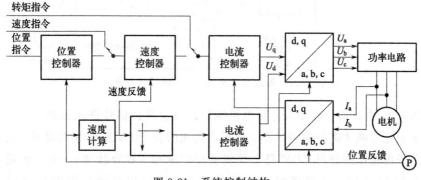

图 8-21　系统控制结构

目前主流的伺服驱动器均采用数字信号处理器（DSP）作为控制核心，其优点是可以实现比较复杂的控制算法，实现数字化、网络化和智能化。功率器件普遍采用以智能功率模块（IPM）为核心设计的驱动电路，IPM 内部集成了驱动电路，同时具有过电压、过电流、过热、欠压等故障检测保护电路，在主回路中还加入了软启动电路，以减小启动过程对驱动器的冲击。

图 8-22　伺服驱动器外观

(5) 交流伺服系统的位置控制模式

① 特点。伺服驱动器输出到伺服电机的三相电压波形基本是正弦波（高次谐波被线圈电感滤除），从位置控制器输入的是脉冲信号，而不是像步进电机那样的三相脉冲序列。伺服系统用作定位控制时，位置指令输入到位置控制器，速度控制器输入端前面的电子开关切换到位置控制器输出端，同样，电流控制器输入端前面的电子开关切换到速度控制器输出端。因此，位置控制模式下的伺服系统是一个三闭环控制系统，两个内环分别是电流环和速度环。

由自动控制理论可知，这样的系统结构提高了系统的快速性、稳定性和抗干扰能力。在足够高的开环增益下，系统的稳态误差接近为零。这就是说，在稳态时，伺服电机以指令脉冲和反馈脉冲近似相等时的速度运行。反之，在达到稳态前，系统将在偏差信号作用下驱动电机加速或减速。若指令脉冲突然消失，如紧急停车时，控制器立即停止向伺服驱动器发出驱动脉冲，伺服电机仍会运行到反馈脉冲数等于指令脉冲消失前的脉冲数才停止。

② 位置控制模式下的电子齿轮。位置控制模式下，等效的单闭环位置控制系统方框图如图 8-23 所示。

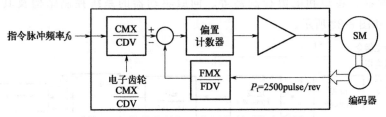

图 8-23　等效的单闭环位置控制系统方框图

图 8-23 中，指令脉冲信号和电机编码器反馈脉冲信号进入驱动器后，均通过电子齿轮变换才进行偏差计算。电子齿轮比的分子 CMX 是电机编码器反馈脉冲，电子齿轮比的分母 CDV 是上位机的给定脉冲（指令脉冲）。电子齿轮实际是一个分-倍频器，合理搭配它们的分-倍频值，可以灵活地设置指令脉冲的

行程。

如电机编码器反馈脉冲为 2500pulse/rev（脉冲/转），驱动器反馈脉冲电子齿轮分-倍频值为 4 倍频。如果希望指令脉冲为 6000pulse/rev，应把指令脉冲电子齿轮的分-倍频值设置为 10000/6000。从而实现每输出 6000 个脉冲，伺服电机旋转一周。

（6）交流伺服电机应用

凡是对位置、速度和力矩的控制精度要求比较高的场合，都可以采用交流伺服驱动，如机床、印刷设备、包装设备、纺织设备、激光加工设备、机器人、电子、制药、金融机具、自动化生产线等。因为伺服多用在定位、速度控制场合，所以伺服又称为运动控制。

① 冶金、钢铁——连铸拉坯生产线、铜杆上引连铸机、喷印标记设备、冷连轧机，定长剪切、自动送料、转炉倾动。

② 电力、电缆——水轮机调速器、风力发电机变桨系统、拉丝机、对绞机、高速编织机、卷线机、喷印标记设备等。

③ 石油、化工——挤压机、胶片传动带、大型空气压缩机、抽油机等。

④ 化纤和纺织——纺纱机、精纺机、织机、梳棉机、横边机等。

⑤ 汽车制造业——发动机零部件生产线、发动机组装生产线，整车装配线、车身焊接线、检测设备等。

⑥ 机床制造业——车床、龙门刨、铣床、磨床、机械加工中心、制齿机等。

8.3.3　伺服电机的控制应用

一般伺服都有三种控制方式：速度控制方式、转矩控制方式、位置控制方式。速度控制和转矩控制都是用模拟量来控制的。位置控制是通过发脉冲来控制的。具体采用什么控制方式要根据客户的要求，满足何种运动功能来选择。

（1）转矩控制

转矩控制方式是通过外部模拟量的输入或直接的地址的赋值来设定电机轴对外的输出转矩的大小，假如 10V 对应 5N·m 的话，当外部模拟量设定为 5V 时电机轴输出为 2.5N·m，电机轴负载低于 2.5N·m 时电机正转，外部负载等于 2.5N·m 时电机不转，大于 2.5N·m 时电机反转（通常在有重力负载情况下产生）。可以通过改变模拟量的设定来改变设定的力矩大小，也可通过通信方式改变对应的地址的数值来实现。主要应用在对材质的受力有严格要求的缠绕和放卷的装置中，例如绕线装置或拉光纤设备，转矩的设定要根据缠绕的半径的变化随时更改以确保材质的受力不会随着缠绕半径的变化而改变。

（2）位置控制

位置控制模式一般是通过外部输入的脉冲的频率来确定转动速度的大小，通过脉冲的个数来确定转动的角度，也有些伺服可以通过通信方式直接对速度和位移进行赋值。由于位置模式对速度和位置都有很严格的控制，所以一般应用于定位装置中。应用领域如数控机床、印刷机械等等。

(3) 速度模式

通过模拟量的输入或脉冲的频率都可以进行转动速度的控制，在有上位控制装置的外环 PID 控制时，速度模式也可以进行定位，但必须把电机的位置信号或直接负载的位置信号反馈给上位控制装置以做运算用。位置模式也支持直接负载外环检测位置信号，此时的电机轴端的编码器只检测电机转速，位置信号就由直接的最终负载端的检测装置来提供了，这样的优点在于可以减少中间传动过程中的误差，增加整个系统的定位精度。

8.3.4 伺服电机控制算法

(1) 概述

标量控制（或 V/Hz 控制）是一个控制指令电机速度的简单方法。为了控制电机，三相电源只在振幅和频率上变化。电机中的转矩随着定子和转子磁场的功能而变化，并且当两个磁场互相正交时达到峰值。在基于标量的控制中，两个磁场间的角度显著变化。

矢量控制是在 AC 电机中建立正交关系。为了控制转矩，各自从磁通量中生成电流，以实现 AC 电机的响应性。

一个 AC 指令电机的矢量控制与一个单独的励磁 DC 电机控制相似。在一个 DC 电机中，由励磁电流 I_f 所产生的磁场能量 Φ_f 与由电枢电流 I_a 所产生的电枢磁通 Φ_a 正交。这些磁场都经过去耦且相互间很稳定。因此，当电枢电流受控以控制转矩时，磁场能量仍保持不受影响，并实现了更快的瞬态响应。

三相 AC 电机的磁场定向控制（FOC）包括模仿 DC 电机的操作。所有受控变量都通过数学变换，被转换到 DC 指令而非 AC 指令，目标是独立地控制转矩和磁通。

磁场定向控制（field oriented control，FOC）有两种方法：

直接 FOC：转子磁场的方向是通过磁通观测器直接计算得到的；

间接 FOC：转子磁场的方向是通过对转子速度和滑差的估算或测量而间接获得的。

矢量控制要求了解转子磁通的位置，并运用终端电流和电压知识，通过高级算法来计算。

(2) 矢量控制

① 原理。在伺服系统中，直流伺服电机能获得优良的动态与静态性能，其

根本原因是被控制的只有电机磁通 Φ 和电枢电流 I_a，且这两个量是独立的。此外，电磁转矩（$T_m = KT\Phi I_a$）与磁通 Φ 和电枢电流 I_a 分别成正比关系。因此，控制简单，性能为线性。如果能够模拟直流电机，求出交流电机与之对应的磁场与电枢电流，并独立地加以控制，就会使交流电机具有与直流电机近似的优良特性。为此，必须将三相交流量（矢量）转换为与之等效的直流量（标量），建立起交流电机的等效模型，然后按直流电机的控制方法对其进行控制。

矢量控制是基于测量电机的两相电流反馈（I_a、I_b）和电机位置，将测得的相电流（I_a、I_b）结合位置信息，经坐标变化（从 a、b、c 坐标系转换到转子 d、q 坐标系），得到（I_d、I_q）分量，分别进入各自的电流调节器。电流调节器的输出经过反向坐标变化（从 d、q 坐标系转换到 a、b、c 坐标系），得到三相电压指令。通过这三相电压指令，经过反向、延时后，得到 6 路 PWM 波输出到功率器件，控制电机运行。在不同指令输入方式下，指令和反馈通过相应的控制调节器，得到下一级的参考指令。在电流环中，d、q 轴的转矩电流分量 I_q 是速度控制调节器的输出或外部给定。

矢量控制算法的核心是两个重要的转换：Clark（克拉克）转换、Park（帕克）转换和它们的逆运算。从 a、b、c 坐标系转换到 d、q 坐标系由 Clark 和 Park 转换来实现；从 d、q 坐标系转换到 a、b、c 坐标系是由 Clark 和 Park 的逆运算来实现的。

采用 Clark 和 Park 转换，带来可以控制到转子区域的转子电流。这种做法允许一个转子控制系统决定要供应到转子的电压，以使动态变化负载下的转矩最大化。

② 数学变换。图 8-24 所示三相交流电机在空间上产生一个角速度为 ω_0 的旋转磁场 Φ。如果用图 8-24(b) 中的两套空间相差 90° 的线圈 α 和 β 来代替，并通以两相在时间上相差 90° 的交流电流，使其也产生角速度为 ω_0 的旋转磁场 Φ，则可以认为图 8-24(a) 和（b）中的两套线圈是等效的。若给图 8-24(c) 所示模型上两个互相垂直线圈 d 和 q，分别通以直流电流 i_d 和 i_q，则将产生位置固定

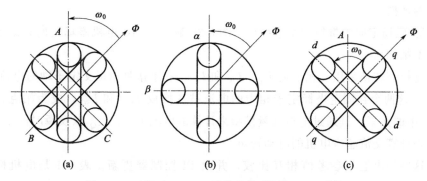

图 8-24　三相 A、B、C 系统变换到两相 α、β 系统

的磁场 Φ，如果再使线圈以角速度 ω_0 旋转，则所建立的磁场也是旋转磁场，其幅值和转速也与图 8-24(a) 一样。

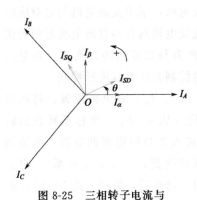

图 8-25　三相转子电流与
转动参考系的关系

这种变换是将三相交流电机变为等效的二相交流电机。图 8-25 所示的三相电机的定子三相线圈，彼此相差 120°空间角度，当通以三相平衡交流电流 I_A、I_B、I_C 时，在定子上产生以同步角速度 ω_0 旋转的磁场矢量 Φ。三相线圈的作用，完全可以用在空间上互相垂直的两个静止的 α、β 线圈代替，并通以两相在时间上相差 90°的交流平衡电流 I_α 和 I_β，使其产生的旋转磁场的幅值和角速度也分别为 Φ 和 ω_0，则可以认为图 8-24(a)、（b) 中的两套线圈是等效的。

Clark（克拉克）转换：Clark（克拉克）转换将一个三相系统改成两个坐标系统

$$I_\alpha = \frac{2}{3} I_A - \frac{1}{3}(I_B - I_C)$$

$$I_\beta = \frac{2}{\sqrt{3}}(I_B - I_C) \tag{8.4}$$

其中，I_A 和 I_B 是正交基准面的组成部分。

Park（帕克）转换：Park（帕克）转换将双向静态系统转换成转动系统矢量

$$I_{SD} = I_\alpha \cos\theta + I_\beta \sin\theta$$

$$I_{SQ} = -I_\alpha \sin\theta + I_\beta \cos\theta \tag{8.5}$$

两相 α、β 表示：通过 Clark（克拉克）转换进行计算，然后输入到矢量转动模块，转动角 θ 以符合附着于转子能量的 d、q 轴。根据上述公式，实现了角度 θ 的转换。

③ 磁场定向矢量控制基本结构。图 8-26 显示了 AC 电机磁场定向矢量控制的基本结构。

克拉克转换采用三相电流 I_A、I_B 和 I_C，来计算两相正交定子轴的电流 I_α 和 I_β。这两个在固定坐标定子相中的电流被变换成 I_{SD} 和 I_{SQ}，成为帕克转换 d、q 中的元素。其通过电机通量模型来计算的电流 I_{SD}、I_{SQ} 以及瞬时流量角 θ 被用来计算交流感应电机的电动转矩。

这些导出值与参考值相互比较，并由 PI 控制器更新。表 8-1 是电机标量（V/Hz）控制和矢量控制的比较。

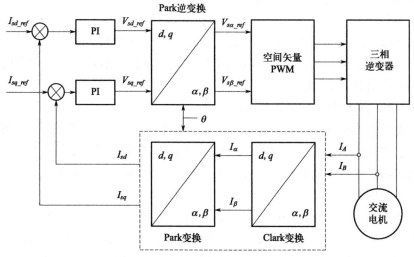

图 8-26　矢量控制原理图

表 8-1　电机标量控制和矢量控制

控制参数	标量控制	矢量控制
速度调节	1%	0.001%
转矩调节	不合理	±2%
电机模型	不要求	要求
MCU 处理功率	低	高

基于矢量的电机控制的一个固有优势是，可以采用同一原理，选择适合的数学模型去分别控制各种类型的 AC 电机、PMSM（永磁同步电机）或 BLDC（无刷直流电机）。

8.3.5　伺服电机的选择

伺服电机主要参数包括：

① 额定转速。电机输出最大连续转矩（额定转矩）、以额定功率运行时的转速。

② 额定转矩。指电机能够连续安全输出的转矩，在该转矩下连续运行，电机绕组温度和驱动器功率器件温度不会超过最高允许温度，电机或驱动器不会损坏。

③ 最大转矩。电机所能输出的最大转矩。在最大转矩下短时工作不会使电机损坏或性能不可恢复。

④ 最大电流。伺服电机短时间工作允许通过的最大电流，一般为额定电流的 3 倍。

⑤ 最高转速。电机短时间工作的最高转速，在最高转速时电机力矩下降，电机发热量更大。

⑥ 负载惯量 J。一般负载惯量最大不超过 20 倍电机转子惯量。

⑦ 编码器线数。电机转一圈编码器反馈到驱动器的脉冲个数。伺服电机常规编码器线数有 2500 线、5000 线等几种。

(1) 机电领域伺服电机选择方法

机电行业中经常会碰到一些复杂运动，这对电机的动力荷载有很大影响。伺服驱动装置是许多机电系统的核心，因此，伺服电机的选择就变得尤为重要。首先要选出满足给定负载要求的电机，然后再按价格、重量、体积等技术经济指标选择最适合的电机。

考虑电机的动力问题：对于直线运动用速度 $v(t)$ 表示，加速度 $a(t)$ 表示，所需外力用 $F(t)$ 表示；对于旋转运动用角速度 $\omega(t)$ 表示，角加速度用 $\alpha(t)$ 表示，所需转矩用 $T(t)$ 表示。它们均可以表示为时间的函数，与其他因素无关。电机的最大功率 $P_{电动机}$，最大应大于工作负载所需的峰值功率 $P_{峰值}$，但仅仅如此是不够的，物理意义上的功率包含转矩和速度两部分，但在实际的传动机构中它们是受限制的。用 $\omega_{峰值}$、$T_{峰值}$ 表示最大值或者峰值。电机的最大速度决定了减速器减速比的上限，$n_{上限} = \omega_{峰值,最大} / \omega_{峰值}$。同样，电机的最大转矩决定了减速比的下限，$n_{下限} = T_{峰值} / T_{电机,最大}$，如果 $n_{下限}$ 大于 $n_{上限}$，选择的电机是不合适的。

(2) 根据负载转矩选择伺服电机

根据伺服电机的工作曲线，负载转矩应满足：当空载运行时，在整个速度范围内，加在伺服电机轴上的负载转矩应在电机的连续额定转矩范围内，即在工作曲线的连续工作区；最大负载转矩，加载周期及过载时间应在特性曲线的允许范围内。根据加在电机轴上的负载转矩可以折算出加到电机轴上的负载转矩

$$T_{L} = \frac{FL}{2\pi\eta} + T_{C} \tag{8.6}$$

式中，T_{L} 为折算到电机轴上的负载转矩，N·m；F 为轴向移动工作台时所需的力，N；L 为电机每转的机械位移量，m；T_{C} 为滚珠丝杠轴承等摩擦转矩折算到电机轴上的负载转矩，N·m；η 为驱动系统的效率。

(3) 根据负载惯量选择伺服电机

随着控制信号的变化，电机应在较短的时间内完成必需的动作。负载惯量与电机的响应和快速移动时间息息相关。带大惯量负载时，当速度指令变化时，电机需较长的时间才能到达这一速度。因此，加在电机轴上的负载惯量的大小，将直接影响电机的灵敏度以及整个伺服系统的精度。当负载惯量是电机惯量的 5 倍以上时，会使转子的灵敏度受影响，电机惯量 J_{M} 和负载惯量 J_{L} 必须满足：

$$1 \leqslant \frac{J_L}{J_M} < 5 \tag{8.7}$$

由电机驱动的所有运动部件，无论是旋转运动的部件，还是直线运动的部件，都是电机的负载惯量。电机轴上的负载总惯量可以通过计算各个被驱动的部件的惯量，并按一定的规律将其相加得到。

（4）根据电机转矩均方根值选择电机

当工作机械频繁启动、制动时，必须检查电机是否过热，为此需计算在一个周期内电机转矩的均方根值，并且应使此均方根值小于电机的连续转矩。电机的均方根值由下式给出：

$$T_{\mathrm{rms}} = \sqrt{\frac{(T_a+T_f)^2 t_1 + T_f^2 t_2 + (T_a-T_f)^2 t_1 + T_o^2 t_3}{t_{周}}} \tag{8.8}$$

式中，T_a 为加速转矩，N·m；T_f 为摩擦转矩，N·m；T_o 为停止期间的转矩，N·m；t_1、t_2、t_3、$t_周$ 如图 8-27 所示。

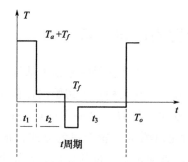

图 8-27　t_1、t_2、t_3、$t_周$ 的转矩曲线

（5）进给伺服电机的选择原则

首先根据转矩-速度特性曲线检查负载转矩，加减速转矩是否满足要求，然后对负载惯量进行校核，对要求频繁启动、制动的电机还应对其转矩均方根进行校核，这样选择出来的电机才能既满足要求，又可避免由于电机选择偏大而引起的问题。

第**9**章

移动机器人传感检测系统

9.1 位置检测传感器原理及应用

9.1.1 里程计传感器原理与应用

里程计是一种利用从移动传感器获得的数据来估计物体位置随时间的变化而改变的装置，该装置用来估计机器人相对于初始位置移动的距离。里程计一般包含了两个方面的信息：一方面是位置；另一方面就是速度（前进速度和转向速度）。里程计的基本原理就是以测量车轮转速的方式，根据轮子的直径，每一个测速周期为轮子转一圈，以累加轮子转过的周期数计算出行走的里程。

常用的里程计定位方法有轮式里程计、视觉里程计以及视觉惯性里程计。

（1）轮式里程计

轮式里程计使用三个蜗杆来实现 1690：1 齿轮减速。输入轴驱动第一个蜗杆，蜗杆再驱动齿轮。蜗杆的每次完整旋转只会使齿轮转动一个齿。然后齿轮驱动另一个蜗杆，蜗杆再驱动另一个齿轮，齿轮再驱动最后一个蜗杆，最后转动最后一个齿轮，它连接到 16km 的指示器。轮式里程计仪表盘如图 9-1 所示。

轮式里程计是一种最简单，获取成本最低的推算移动机器人位姿的装置。与其他定位方案一样，轮式里程计也需要传感器感知外部信息。

轮式里程计的航迹推算定位方法主要基于光电编码器在采样周期内脉

图 9-1 轮式里程计仪表盘

冲的变化量计算出车轮相对于地面移动的距离和方向角的变化量，从而推算出移动机器人位姿的相对变化。

前进速度：左右轮的平均速度，这个是通过电机的编码器获取到的。编码器能记录一定时间内车轮转过的弧度，再根据这个数据算出每个轮子的速度。

转向速度：根据左右轮在给定时间内的弧度差计算得到。

位置的获取：根据前进速度推算出位置。

姿态的获取：根据转向速度推算出转角和四元数。

(2) 视觉里程计

视觉里程计是通过移动机器人上搭载的单个或多个相机的连续拍摄图像作为输入，从而增量式地估算移动机器人的运动状态。

9.1.2　定位传感器原理及应用

如何精确地确定移动系统的位置并由此规划运动轨迹，是自主式移动系统研究领域中一直非常关注的问题。所谓定位就是确定移动物体在世界坐标系中的位置及其本身的姿态。定位技术可以分为绝对定位技术和相对定位技术，相应的传感器也分为绝对定位传感器（测距法、惯导法）和相对定位传感器（磁性指南针法、活动标法、全球定位系统、路标导航法、模型匹配法）。目前，国内外在该领域的研究比较集中在定位传感器本身和多种传感器融合两个方面以提高位置定位精度和方向定位精度。全惯导系统包括 ENV-O5S Gyrostar 固态速率陀螺、START 固态陀螺、三轴线性加速度计和 2 个倾斜传感器，方向精度达到 $0.01251°$。计算机化的光电导航和控制（CONAC）系统其室内定位精度达 1.3mm，户外定位精度 5mm，并且方向精度为 0.05°。GPS 对运动中的物体的定位精度在 20m 的数量级，而对静止物体的定位精度在厘米数量级范围内。目前，路标导航和模型匹配（即基于地图的定位系统）的定位精度分别为 5cm 和 1～10cm，方向精度分别为 1°和 1°～3°。

定位传感器主要应用于太空月球车、自主行驶车辆、AGV（automated guided vehicle，自动导引车）、移动机器人和移动式清洁设备等自主式移动系统中。

9.2　姿态检测传感器选型及应用

姿态检测传感器是一种基于 MEMS（微机电系统）技术的高性能三维运动姿态测量系统。其以嵌入式系统为核心，采用先进的倾角测量技术分别测量 X、Y 平面倾斜角，对多维重力加速度信息进行数据处理与姿态角度解算，且具有环境适应能力强、测量范围大、精度高、响应时间短等特点，广泛应用于各种车辆、船舶、火炮及武器平台系统的姿态测量与倾斜角补偿控制中。

姿态检测传感器一般包含三轴陀螺仪、三轴加速度计、三轴电子罗盘等运动传感器，通过内嵌的低功耗 ARM 处理器得到经过温度补偿的三维姿态与方位等数据。利用基于四元数的三维算法和特殊数据融合技术，可以实时输出以四元数、欧拉角表示的零漂移三维姿态方位数据。

MPU6050 是一款常用的 6 轴运动处理传感器（图 9-2），它集成了 3 轴 MEMS 陀螺仪、3 轴 MEMS 加速度计，以及一个可扩展的数字运动处理器 DMP。使用它可以得到待测物体（如四轴飞行器、平衡小车）x、y、z 轴的倾角（俯仰角 Pitch、翻滚角 Roll、偏航角 Yaw），通过 I2C 读取到 MPU6050 的 6 个数据（三轴加速度 AD 值、三轴角速度 AD 值），经过姿态融合后就可以得到 Pitch、Roll、Yaw 角。

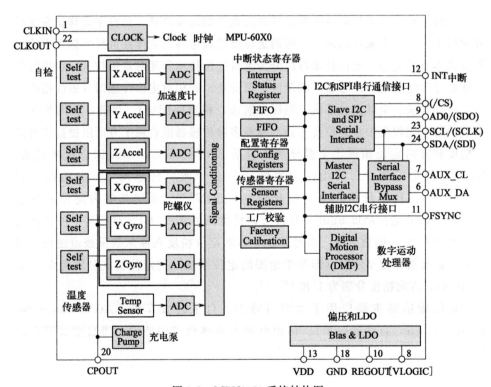

图 9-2　MPU6050 系统结构图

作为测量值的方向参考，传感器坐标方向定义如图 9-3 所示，属于右手坐标系（右手拇指指向 X 轴的正方向，食指指向 Y 轴的正方向，中指指向 Z 轴的正方向）。

理论上只用陀螺仪就可以完成姿态导航的任务，只需要对 3 个轴的陀螺仪角

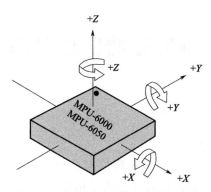

图 9-3 MPU6050 系统坐标系示意图

度进行积分，得到 3 个方向的旋转角度的姿态数据，就可以了。但实际上存在着误差噪声等，对陀螺仪积分并不能得到完全准确的姿态，所以就需要用加速度计传感器进行辅助矫正。

　　MPU6050 的陀螺仪采集物体转动的角速度信号，通过 ADC（模拟数字转换器）转换成数字信号采集回来，再通过通信传输给单片机。加速度计则是采集物体加速度信号，并传输回来。MPU6050 特性参数见表 9-1。

表 9-1　MPU6050 特性参数

参数	说明
供电	3.3～5V
通信接口	I2C 协议，支持的 I2C 时钟最高频率为 400kHz
测量维度	加速度：三维　　　　陀螺仪：三维
ADC 分辨率	加速度：16 位　　　陀螺仪：16 位
加速度测量范围	$\pm 2g$、$\pm 4g$、$\pm 8g$、$\pm 16g$　其中 g 为重力加速度常数，$g=9.8\text{m/s}^2$
加速度最高分辨率	16384LSB/g
加速度测量精度	0.1g
加速度输出频率	最高 1000Hz
陀螺仪测量范围	$\pm 250°/\text{s}$、$\pm 500°/\text{s}$、$\pm 1000°/\text{s}$、$\pm 2000°/\text{s}$
陀螺仪最高分辨率	131LSB/(°/s)
陀螺仪测量精度	0.1°/s
陀螺仪输出频率	最高 8000Hz
DMP 姿态解算频率	最高 200Hz
温度传感器测量范围	-40～$+85$℃
温度传感器分辨率	340LSB/℃
温度传感器精度	± 1℃
工作温度	-40～$+85$℃
功耗	500μA～3.9mA（工作电压 3.3V）

9.3 姿态检测传感器原理及应用

9.3.1 线位移检测传感器

(1) 光栅位移传感器

光栅位移传感器是一种将机械位移模拟量转变为数字脉冲的测量装置，如图 9-4 所示。光栅位移传感器的特点是测量精度高（分辨率为 $0.1\mu m$），动态测量范围广（0～1000mm），可进行无接触测量，容易实现系统的自动化和数字化，因此得到了广泛的应用。

图 9-4 光栅位移传感器

光栅位移传感器的光栅就是在透明的玻璃板上或在金属镜面上，均匀地刻出许多明暗相间的线条，通常线条的间隙和宽度是相等的。以透光的玻璃为载体的称为透射光栅，以不透光的金属为载体的称为反射光栅。根据光栅的外形可分为直线光栅和圆光栅。

光栅位移传感器的结构如图 9-5 所示，主要由标尺光栅（主光栅）、指示光栅、光电元件和光源等组成。光电元件一般是光电池或光敏二极管。光源一般是钨丝灯泡或半导体发光器件。

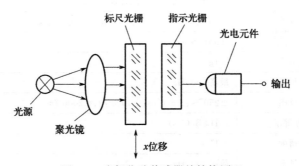

图 9-5 光栅位移传感器的结构原理

标尺光栅和被测物体相连，随被测物体的直线位移而产生位移。标尺光栅和指示光栅刻线密度相同，刻线之间的距离 W 称为栅距，在安装时它们相互平行，但刻痕之间有较小的夹角 θ。光栅条纹密度一般为 25、50、100、250 条每毫米等。

如果把两块栅距 W 相等的光栅面平行安装，且让它们的刻痕之间有较小的

夹角 θ。由于标尺光栅与指示光栅存在微小夹角 θ，因此在光照作用下感光元件上会出现若干条明暗相间的条纹，这种条纹称为莫尔条纹，它们沿着与光栅条纹几乎垂直的方向排列，如图 9-6 所示。莫尔条纹是光栅非重合部分光线透过而形成的亮带，它由一系列四棱形图案组成，如图 9-6 中的 $d—d$ 线区所示。$f—f$ 线区则是由光栅的遮光效应形成的。

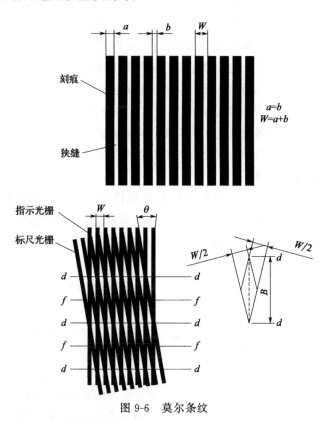

图 9-6　莫尔条纹

① 莫尔条纹的位移与光栅的移动成比例。当指示光栅不动，标尺光栅左右移动时，莫尔条纹将沿着栅线的方向上下移动，光栅每移动过一个栅距 W，莫尔条纹就移动过一个条纹间距 B，查看莫尔条纹的移动方向，即可确定标尺光栅的移动方向。

② 莫尔条纹具有位移放大作用。当标尺光栅沿与刻线垂直方向移动一个栅距 W 时，莫尔条纹移动一个条纹间距 B。当两个等距光栅的栅间夹角 θ 较小时，主光栅移动一个栅距 W，莫尔条纹移动 KW 距离，K 为莫尔条纹的放大倍数。

莫尔条纹的间距 B 与两光栅条纹夹角 θ 间关系为

$$B = \frac{W}{2\sin\dfrac{\theta}{2}} \approx \frac{W}{\theta} \tag{9.1}$$

式中，θ 的单位为 rad；B、W 的单位为 mm。

莫尔条纹的位移放大倍数 K 为

$$K = \frac{B}{W} \approx \frac{1}{\theta} \qquad (9.2)$$

可见 θ 越小，放大倍数越大，如 $\theta = 10'$ 时，$K = 1$ 或 0。0.029rad$\approx 1.66°$，表明莫尔条纹的放大倍数相当大。实际应用中 θ 角的取值都很小，这样指示光栅与标尺光栅相对移动一个很小的 W 距离时，可以得到一个很大的莫尔条纹移动量 B，这样可把肉眼看不见的光栅位移变成清晰可见的莫尔条纹移动，可以通过测量条纹的移动来检测光栅的位移，从而实现高灵敏的位移测量。

③ 莫尔条纹具有平均光栅误差的作用。莫尔条纹由一系列刻线的交点组成，它反映了形成条纹的光栅刻线的平均位置，对各栅距误差起到了平均作用，减弱了光栅制造中的局部误差和短周期误差对检测精度的影响。

（2）磁栅位移传感器

磁栅位移传感器利用电磁特性来进行机械位移的检测。主要优点是价格低（相较于光栅）、制作简单、复制方便、易安装和调整、测量范围宽（从几十毫米到数十米）、不需接长、抗干扰能力强。主要用于大型精密设备作为位置或位移量的检测元件，缺点是需要屏蔽和防尘。

磁栅位移传感器组成如图 9-7 所示。它由磁尺（磁栅）、磁头和检测电路等部分组成。

磁尺是在非导磁材料如铜、不锈钢、玻璃或其他合金材料的基体上，涂敷、化学沉积或电镀上一层 10～20μm 厚的硬磁性材料（如 Ni-Co-P 或 Fe-Co 合金），并在它的表面上刻录相等节距周期变化的磁信号。磁信号的节距一般为 0.05、0.1、0.2 或 1mm。

图 9-7 磁栅位移传感器

为了防止磁头对磁性膜的磨损，通常在磁性膜上涂一层 1～2μm 的耐磨塑料保护层。磁头检测出磁栅上的磁信号并将其转换成电信号。检测电路用来供给磁头激励电压并将磁头检测到的信号转换为脉冲信号输出。磁尺按用途分为长磁尺与圆磁尺两种。长磁尺用于直线位移测量，圆磁尺用于角位移测量。

9.3.2 角位移检测传感器

（1）旋转变压器

旋转变压器是一种利用电磁感应原理将转角变换为电压信号的传感器。由于它结构简单，动作灵敏，对环境无特殊要求，输出信号大，抗干扰好，因此被广泛应用于机电一体化产品中。图 9-8 所示为旋转变压器外形。

旋转变压器在结构上与两相绕组式异
步电机相似，其原理如图 9-9 所示，定子
上装有励磁绕组 D_1、D_2 和辅助绕组 D_3、
D_4，它们的轴线相互成 $90°$。转子上有两
个输出绕组，正弦输出绕组 Z_1、Z_2 和余
弦输出绕组 Z_3、Z_4，这两个绕组的轴线
也互成 $90°$，一般将其中一个绕组短接。

当定子绕组中分别通以幅值和频率相

图 9-8　旋转变压器外形

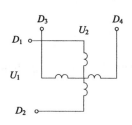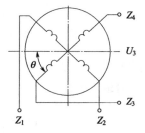

图 9-9　正余弦旋转变压器原理图

同、相位差为 $90°$ 的交变励磁电压时，便可在转子绕组中得到感应电势 U_3，根据
线性叠加原理，U_3 为励磁电压 U_1 和 U_2 的感应电势之和，即

$$U_1 = U_m \sin(\omega_1 t) \tag{9.3}$$

$$U_2 = U_m \sin(\omega_2 t) \tag{9.4}$$

$$U_3 = kU_1 \sin\theta + kU_2 \sin(90° + \theta) = kU_m \cos(\omega t - \theta) \tag{9.5}$$

式中，k 为旋转变压器的变压比，$k = \omega_1 / \omega_2$；U_m 为电压幅值；ω_1、ω_2 为转子、
定子绕组的匝数。

转子绕组感应电压的幅值和转子转角的关系如图 9-10 所示。

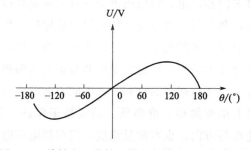

图 9-10　旋转变压器转子转角与输出电压幅值关系

上述旋转变压器适用于大角度测量，称为正余弦旋转变压器。还有一种线性旋转变压器，适合测量小角度旋转。线性旋转变压器与正余弦旋转变压器结构相类似，不同的是线性旋转变压器采用了特定的变压比 k 和接线方式，如图 9-11 所示。

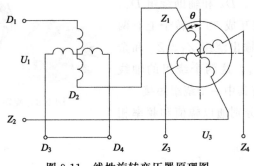

图 9-11　线性旋转变压器原理图

在一定转角范围内（一般为 $\pm60°$），线性旋转变压器的输出电压和转子转角 θ 成线性关系。此时输出电压为

$$U_3 = \frac{kU_1\sin\theta}{1+k\cos\theta} \tag{9.6}$$

选定变压比 k 及允许的非线性度，则可推算出满足线性关系的转角范围。如取 $k=0.54$，非线性度不超过 $\pm0.1\%$，则转子转角范围可以达到 $\pm60°$。

(2) 光电编码器

编码器是将直线运动和转角运动变换为数字信号进行测量的一种传感器。它通过光电原理将一个机械的几何位移量转换为电子信号（电子脉冲信号或者数据串）。这种电子信号通常需要连接到控制系统（例如 PLC、高速计数模块、变频器等），控制系统经过计算可以得到测量数据，以便进行下一步工作。编码器一般应用于机械角度、速度、位置的测量上。图 9-12 所示是编码器外形。

光电编码器主要由光源、透镜、码盘和光电元件组成，如图 9-13 所示。光源发出的光线经透镜变成一束平行光或汇聚光，并照射到码盘上。码盘由光学玻璃制成，其上刻有许多同心码道，每位码道上都有按一定规律排列着的若干透光和不透光部分，即亮区和暗区。通过亮区的光线经狭缝后，形成一束很窄的光束照射在光电元件上，对应亮区的光电元件输出的信号为"1"，暗区为"0"。

光电编码器有两种基本类型，增量式编码器与绝对式编码器。两者在结构上最大的区别就是码盘上亮区与暗区的排列方式不同，如图 9-14 所示。

增量式编码器具有结构简单、价格低、精度易于保证等优点，目前采用最多。一般用来测试速度与方向，也可测量角度，但在掉电或电源出现故障时位置信息会丢失。

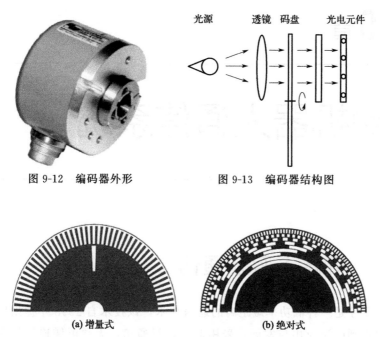

图 9-12　编码器外形　　　　　图 9-13　编码器结构图

(a) 增量式　　　　　　　(b) 绝对式

图 9-14　编码器类型

　　绝对式编码器能直接给出对应于每个转角的数字信息，传送在一转中每一步的唯一位置信息，但结构复杂、成本高，一般用于角度测量和往复运动测量。即使掉电或电源出现故障时位置信息也一直可用，便于计算机处理。但当转角大于一转时，须特别处理，可用减速齿轮将两个以上的编码器连接起来，组成多级检测装置。

第10章

移动机器人通信系统

10.1　机器人蓝牙通信

　　无线蓝牙是一种低功率短距离的通信技术，该技术自1998年提出以来在世界范围内得到广泛应用与发展。采用蓝牙进行通信，无须电缆连接，具有小型化、低成本、功耗低等优势。随着蓝牙技术的发展，有效通信范围已能达到200m，数据丢包率低、抗干扰能力强、可靠性高；模块体积小，模块重量能做到仅0.7g，功耗能低至1mW。更为重要的是，蓝牙通信技术采用开放、统一的标准配置，具有嵌入式开发的优点，便于研发人员使用。随着移动通信技术的发展，无线蓝牙技术在世界范围内得到广泛使用，其应用领域将覆盖整个民用、商用、工业控制等领域。

　　蓝牙技术规定每一对设备之间进行蓝牙通信时，必须一个为主角色，另一个为从角色，才能进行通信。通信时，必须由主端进行查找，发起配对，建链成功后，双方即可收发数据。理论上，一个蓝牙主端设备，可同时与7个蓝牙从端设备进行通信。一个具备蓝牙通信功能的设备，可以在两个角色间切换，平时工作在从模式，等待其他主设备来连接，需要时，转换为主模式，向其他设备发起呼叫。一个蓝牙设备以主模式发起呼叫时，需要知道对方的蓝牙地址，配对密码等信息，配对完成后，可直接发起呼叫。

　　蓝牙主端设备发起呼叫，首先是查找，找出周围处于可被查找的蓝牙设备。主端设备找到从端蓝牙设备后，与从端蓝牙设备进行配对，此时需要输入从端设备的PIN（个人识别码），也有设备不需要输入PIN。配对完成后，从端蓝牙设备会记录主端设备的信任信息，此时主端设备即可向从端设备发起呼叫，已配对的设备在下次呼叫时，不再需要重新配对。已配对的设备，作为从端的蓝牙设备也可以发起建链请求，但做数据通信的蓝牙模块一般不发起呼叫。链路建立成功后，主从两端之间即可进行双向的数据通信。在通信状态下，主端和从端设备都可以发起蓝牙数据传输，一对一串口数据通信是最常见的应用之一。

蓝牙设备在出厂前即提前设好两个蓝牙设备之间的配对信息，主端预存有从端设备的 PIN、地址等，两端设备加电即自动建链，透明串口传输，无须外围电路干预。一对一应用中从端设备可以设为两种类型：一是静默状态，即只能与指定的主端通信，不被别的蓝牙设备查找；二是开发状态，既可被指定主端查找，也可以被别的蓝牙设备查找建链。

蓝牙传感器采用 Ad-hoc 使用方式。该方式下的传感器将数据发送给机器人控制器，控制器根据接收到的控制信号控制各关节运动，完成相应的操作任务，数据不需要上传，一切功能都在本地完成。将蓝牙传感器与传感器技术相结合，取代传统的电缆连接方式，改变机器人的控制和数据通信方式。无线蓝牙通信技术具有成本低、小型化、组网灵活、容易扩充等优势，因此基于无线蓝牙技术的机器人制造技术，便于在制造车间加装机器人、改进升级制造工艺。

蓝牙无线传感器节点主要组成部分包括机器人传感单元、信号调理电路、微控制器、蓝牙模块、DC 电源模块及外部存储器等。蓝牙模块产品图片如图 10-1 所示，蓝牙协议原理图如图 10-2 所示。

图 10-1　蓝牙模块产品图片

蓝牙技术的应用领域很广，与任何新技术一样，蓝牙技术必有适合它生长的需要和自身的优势之处，开发它的一些应用功能要比做其他事情需要更多的时间。

嵌入蓝牙技术的数字移动电话将可实现一机三用，真正实现个人通信的功能。应用模式如图 10-3 所示。在办公室可作为内部的无线集团电话，回家后可当作无绳电话来使用，不必支付昂贵的移动电话的话费。到室外，仍作为移动电话与掌上电脑或个人数字助理（PDA）结合并通过嵌入蓝牙技术的局域网接入点，随时随地都可以到因特网上冲浪浏览，使我们的数字化生活变得更加方便和快捷。同时，借助嵌入蓝牙技术的头戴式话筒和耳机以及话音拨号技术，不用动手就可以接听或拨打移动电话。

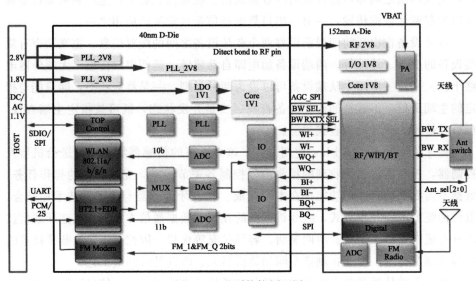

图 10-2　蓝牙协议原理图

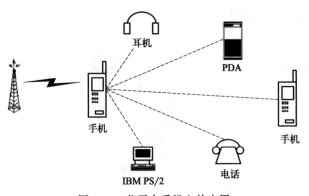

图 10-3　蓝牙在手机上的应用

10.2　机器人无线通信

无线通信是利用电磁波信号可以在自由空间中传播的特性进行信息交换的一种通信方式。无线通信原理是在发射端，发射机将已调制的高频振荡电流通过"馈电设备"输入发射天线，发射天线将高频电流转变为无线电波——自由电磁波向周围空间辐射。在接收端通过接收天线将无线电波转化成高频振荡电流，再经过馈电设备传输到接收机。

近些年信息通信领域中，发展最快、应用最广的就是无线通信技术。无线通信主要包括微波通信和卫星通信。微波是一种无线电波，它传送的距离一般只有几十千米。但微波的频带很宽，通信容量很大。微波通信每隔几十千米要建一个微波中继站。卫星通信是利用通信卫星作为中继站在地面上两个或多个地球站之间或移动体之间建立微波通信联系。无线通信技术发射信号的过程如下：

① 音频放大器把欲发射传送的信号变为音频信号并加以放大。

② 高频振荡器由 LC 回路振荡产生高频正弦波信号。

③ 调制器把要传送的信号"搭乘"在高频振荡器产生的高频信号上，让高频信号的幅度（或频率）随音频信号变化而变化，从而产生一种新的已调信号。

④ 高频放大器将调制后的信号放大，增加能量，并通过天线把已调信号以电磁波的形式辐射到空间去，传播到远方。

无线通信方式主要有以下几种：

① 按照工作频段或传输手段分为：中波通信、短波通信、超短波通信、微波通信和卫星通信。

② 按照通信方式分为：双工、半双工和单工方式。

③ 按照调制方式分为：调幅、调频、调相以及混合调制等。

④ 按照传送的消息类型分为：模拟通信和数字通信。

10.2.1　WiFi 通信

WiFi 就是无线通信方式的一种。WiFi 使用无线电波（RF）来实现两个设备之间的相互通信。该技术常用于将电脑和手机等设备连接到路由器从而实现上网。实际上，它可以用于任何两个硬件设备的连接。WiFi 是由 IEEE（电气电子工程师学会）制定的运行在 802.11 标准的本地无线网络，是以太网的一种无线扩展。理论上只要用户位于一个接入点四周的一定区域内，就能接收到网络信号，但受墙壁阻隔，在建筑物内的有效传输距离小于户外。主要应用在 SOHO、家庭无线网络以及不便安装电缆的建筑物或场所中。

WiFi 既可以使用全球 2.4GHz UHF 频段也可以使用 5GHz SHF ISM 无线电频段。通过 WiFi 联盟的互操作性认证测试的一些产品，允许将其标记为"WiFi 认证"。802.11b、802.11g 和 802.11n 在 2.4GHz ISM 频段上运行。该频段容易受

图 10-4　摄像头 ATK WiFi 模块

到一些蓝牙设备以及一些微波炉和移动电话的干扰。摄像头 ATK WiFi 模块如图 10-4 所示。

10.2.2　机器人局域网通信

局域网的范围一般在几十米到几千米，一个局域网可以容纳几台至几千台计算机。局域网具有以下特性：

① 局域网分布于比较小的地理范围内。因为采用了不同传输能力的传输媒介，因此局域网传输距离也不同。

② 局域网往往用于某一群体，如一个公司、一个单位、某一幢楼、某一学校等。

局域网的三层交换技术特点：

① 线速路由。较传统的路由器发送数据以及接收数据的能力都提高了 10 倍以上，具有线速路由转发的功能。

② IP 路由。三层交换机能够智能地寻找到 IP 地址，并根据实际的需要释放出基于 IP 子网的虚拟局域子网。

③ 路由功能。默认状态下的三层交换机的发现功能是启动的。一旦有交换设备连接到既定网络，设定好参数以后便能实现限定子网内的数据流的传输，子网间的数据便通过路由进行交换与传输。

通常计算机组网的传输媒介主要依赖铜缆或光缆，构成有线局域网。但有线网络在某些场合要受到布线的限制：布线、改线工程量大；线路容易损坏；网中的各节点不可移动。特别是当要把相离较远的节点连接起来时，架设专用通信线路的布线施工难度大、费用高、耗时长，对正在迅速扩大的联网需求形成了严重的瓶颈阻塞。WLAN 就是为解决有线网络以上问题而出现的，WLAN 为 wireless LAN 的简称，即无线局域网。无线局域网是利用无线技术快速接入以太网的技术。与有线网络相比，WLAN 最主要的优势在于不需要布线，可以不受布线条件的限制，因此非常适合移动办公用户的需要，具有广阔市场前景。

局域网通信的优点：安装便捷，使用灵活，经济节约，易于扩展，安全可靠。

10.3　机器人 NRF 通信

NRF 通信是指利用 NRF 无线通信模块构建通信系统的技术。

NRF24L01 是 NORDIC 公司的一款工作于 2.4~2.5GHz ISM 频段的真正单片射频收发芯片，它采用优化的 GMSK 调制解调技术，125 个频道可变，最高速率可达 1Mb/s，高于蓝牙，内置硬件 CRC（循环冗余码校验）电路及多点通信控制，特别适合于半自主足球机器人系统点对多点的无线通信。它所有的参数

（包括工作频率和发射功率）都可以通过软件编程设置。它的工作电压范围为 1.9～3.6V，功耗很小，在－5dBm 的发射功率下，工作电流只需 10.5mA。

NRF24L01 芯片的用户接口电路如图 10-5 所示，仅需少数几个外围元件就可以使用。在足球机器人小车的设计中，使用该芯片可以节省空间，同时，高度集成还能提高芯片的抗干扰能力，保证通信的稳定可靠。

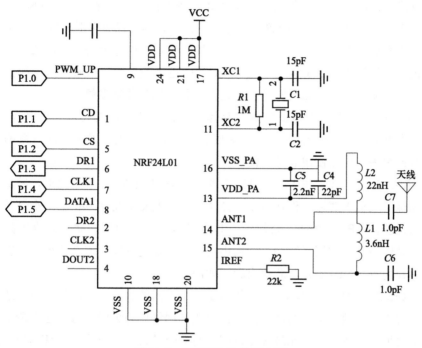

图 10-5　NRF24L01 外围电路

NRF 是单片射频收发器，主要分类有 NRF24L01、NRF905。

NRF24L01 功能特性：

① 极低的功耗：工作在各模式下的能耗较低，极大地减少了电流消耗；待机模式下的电流消耗为 22μA，掉电模式电流消耗仅为 900nA。

② 低工作电压：在 2.7～3.6V 电压下工作，工作温度范围为－40～80℃。

③ 高速率，多通道：6 个数据通道，满足多点通信和调频需要，2Mb/s 的最高速率使得高质量 VoIP 成为可能。

④ 拥有自动重发功能、地址及 CRC 校验功能，具有 125 个可选工作频道，拥有很短的频道切换时间，可用于跳频。

⑤ 数据包每次可传输 1～32B 的数据，4 线 SPI 通信端口，通信速率最高可达 8Mb/s，适合与各种 MCU 连接，编程简单。

⑥ 输出功率频道选择和协议的设置可以通过 SPI 接口进行，几乎可以连接

到各种单片机芯片，并完成无线数据的传送工作。

NRF905 是挪威 Nordic VLSI 公司推出的单片射频收发器，工作电压为 1.9～3.6V，32 引脚 QFN 封装（5mm×5mm），工作于 433/868/915MHz 三个 ISM（工业、科学和医学）频道，频道之间的转换时间小于 $650\mu s$。NRF905 由频率合成器、接收解调器、功率放大器、晶体振荡器和调制器组成，无须外加声表滤波器，ShockBurst 工作模式，自动处理字头和 CRC（循环冗余校验），使用 SPI 接口与微控制器通信，配置非常方便。此外，其功耗非常低，以−10dBm 的输出功率发射时电流只有 11mA，工作于接收模式时的电流为 12.5mA，内建空闲模式与关机模式，易于实现节能。NRF905 适用于无线数据通信、无线报警及安全系统、无线开锁、无线监测、家庭自动化和玩具等诸多领域。

NRF905 片内集成了电源管理、晶体振荡器、低噪声放大器、频率合成器、功率放大器等模块，曼彻斯特编码/解码由片内硬件完成，无须用户对数据进行曼彻斯特编码，因此使用非常方便。

NRF24L01 芯片工作于 2.4GHz 全球开放 ISM 频段，125 个频道，满足多点通信和跳频通信需要，工作速率 0～1Mb/s，最大发射功率 0dBm，外围元件极少，内置硬件 CRC（循环冗余校验）和点对多点通信地址控制，集成了频率合成器，晶体振荡器和调制解调器。输出功率、传输速率和频道选择可通过三线串行接编程配置。NRF24L01 芯片引脚图如图 10-6 所示。

NRF24L01 的收发器模块可以使用 125 个不同的通道，这使得在一个地方拥有一个由 125 个独立工作的调制解调器组成的网络成为可能。每个通道最多可以有 6 个地址，或者每个单元最多可以同时与 6 个其他单元通信。NRF24L01 收发器模块如图 10-7 所示，原理图如图 10-8 所示。

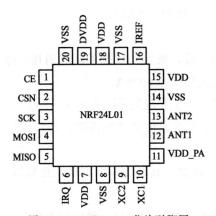

图 10-6　NRF24L01 芯片引脚图

图 10-7　NRF24L01 收发器模块

该收发器在传输过程中的功耗仅为 12mA 左右，甚至低于单个 LED。模块

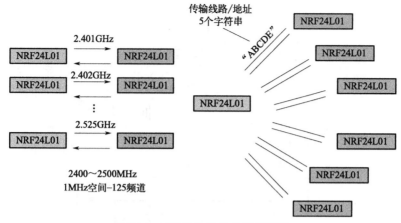

图 10-8　NRF24L01 收发器原理图

的工作电压为 $1.9\sim3.6\text{V}$，但好处是其他引脚可以承受 5V 逻辑电平，因此我们可以轻松地将其连接到 Arduino 板，而无须使用任何逻辑电平转换器。NRF24L01 收发器引脚连接图如图 10-9 所示。

图 10-9　NRF24L01 收发器引脚连接图

NRF24L01 中有三个引脚用于 SPI 通信，它们需要连接到 Arduino 板的 SPI 引脚，但是要注意，每个 Arduino 板都有不同的 SPI 引脚。引脚 CSN 和 CE 可以连接到 Arduino 板的任何数字引脚，它们用于将模块设置为待机或活动模式，以及在传输或命令模式之间切换。最后一个引脚是一个不必使用的中断引脚。

NRF24L01 有多种变体，最受欢迎的是带有板载天线的版本。这使得收发器更加紧凑，但另一方面，将传输范围降低到大约 100m 的距离。

硬件电路连接实现单片机与 NRF24L01 芯片的接口连接。发送端与接收端硬件连接几乎一样，具有通用性，可以实现半双工通信。单片机使用的是 MCS51 系列的 AT89C52，成本低，控制简单，容易扩展。硬件电路设计主要包括 DC/DC 电源供电电路设计、NRF24L01 芯片与＋5V 单片机的接口设计以及 NRF24L01 芯片的外围电路设计。电路图如图 10-10 所示。

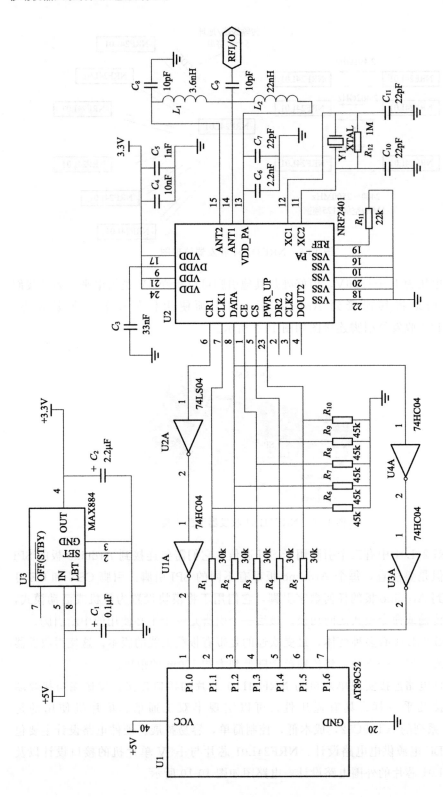

图 10-10　单片机与 NRF24L01 接口电路

由于 NRF24L01 的供电电压范围为 1.9～3.6V，而 AT89C52 单片机的供电电压是 5V，为了使芯片正常工作，需要进行电平转换和分压处理。单电源供电时，采用 MAX884 芯片进行 5V－3.3V 电平转换。＋5V 单片机 I/O 口与 NRF24L01 芯片引脚的接口需要进行分压处理，单片机向 NRF24L01 发送控制信号和配置信号时采用电阻分压，NRF24L01 向单片机传送数据或者发送数据状态信号时采用 74HC04 反相器两级反相，这样就可以实现两个芯片在电压允许范围内的双向通信。也可以使用专用的双向电平转换芯片。

使用 NRF24L01 芯片进行无线数据通信时不需要进行曼彻斯特编码，编程和应用非常方便。单片机对 NRF24L01 芯片的控制包括在配置模式下对 NRF24L01 的初始化配置、发送数据和接收存储数据。配置字一共 18byte，设定的具体参数见表 10-1。发送端和接收端的配置必须匹配，只有配置字的最低位不同。数据包格式包括前缀、地址、有效数据和 CRC。发送数据包时单片机只向 NRF24L01 传送地址和数据，前缀和 CRC 会在 NRF24L01 芯片内部自动加进去。接收数据包时，接收端检测到本机地址的数据包，检验正确后会自动移去前缀、地址和 CRC，将有效数据传送给单片机。

表 10-1　NRF24L01 配置字

	位域	位数	名称	功能
非通用设备配置	143：120	24	TEST	测试保留
	119：112	8	DATA2_W	接收通道 2 数据长度
	111：104	8	DATA1W	接收通道 1 数据长度
	103：64	40	ADDR2	通道 2 的地址
	63：24	40	ADDR1	通道 1 的地址
	23：18	6	ADDR_W	地址的位数
	17	1	CRC_L	8 位或者 16 位 CRC
	16	1	CRC_EN	CRC 使能
通用设备配置	15	1	RX2_EN	使能通道 2
	14	1	CM	通信模式
	13	1	RFDR_SB	射频数据速率
	12：10	3	XO_F	晶振频率
	9：8	2	RF_PWR	射频输出功率
	7：1	7	RF_CH#	频道设置
	0	1	RXEN	发射接收选择

10.4　机器人 ZigBee 通信

ZigBee 技术是一种近距离、低复杂度、低功耗、高数据速率、低成本的双向无线通信技术，主要适合于自动控制和远程控制领域，可以嵌入各种设备中，同时支持地理定位功能。

一般而言，随着通信距离的增大，设备的复杂度、功耗以及系统成本都在增加。相对于现有的各种无线通信技术，ZigBee 技术将是最低功耗和成本的技术。同时由于 ZigBee 技术的低数据速率和通信范围较小的特点，也决定了 ZigBee 技术适合于承载数据流量较小的业务。

ZigBee 是基于 IEEE 802.15.4 标准的低功耗个域网协议。根据这个协议规定的技术是一种短距离、低功耗的无线通信技术。这一名称来源于蜜蜂的八字舞，由于蜜蜂（bee）是靠飞翔和"嗡嗡"（zig）地抖动翅膀的"舞蹈"来与同伴传递花粉所在方位信息，也就是说蜜蜂依靠这样的方式构成了群体中的通信网络。其特点是近距离、低复杂度、自组织、低功耗、高数据速率。主要适合用于自动控制和远程控制领域，可以嵌入各种设备。简而言之，ZigBee 就是一种便宜的，低功耗的近距离无线组网通信技术。

ZigBee 技术的主要优点有：

① 省电：由于工作周期很短、收发信息功耗较低，并且采用了休眠模式，ZigBee 技术可以确保两节五号电池支持长达 6 个月到 2 年左右的使用时间，当然不同的应用功耗是不同的。

② 可靠：采用了碰撞避免机制，同时为需要固定带宽的通信业务预留了专用时隙，避免了发送数据时的竞争和冲突。MAC 层采用了完全确认的数据传输机制，每个发送的数据包都必须等待接收方的确认信息。

③ 成本低：模块的初始成本在 6 美元左右，很快就能降到 1.5 美元到 2.5 美元之间，且 ZigBee 协议是免专利费的。

④ 时延短：针对时延敏感的应用做了优化，通信时延和从休眠状态激活的时延都非常短。设备搜索时延典型值为 30ms，休眠激活时延典型值是 15ms，活动设备信道接入时延为 15ms。

⑤ 网络容量大：一个 ZigBee 网络可以容纳最多 254 个从设备和一个主设备，一个区域内可以同时存在最多 100 个 ZigBee 网络。

⑥ 安全：ZigBee 提供了数据完整性检查和鉴权功能，加密算法采用 AES-128，同时各个应用可以灵活确定其安全属性。ZigBee 体系结构如图 10-11 所示。

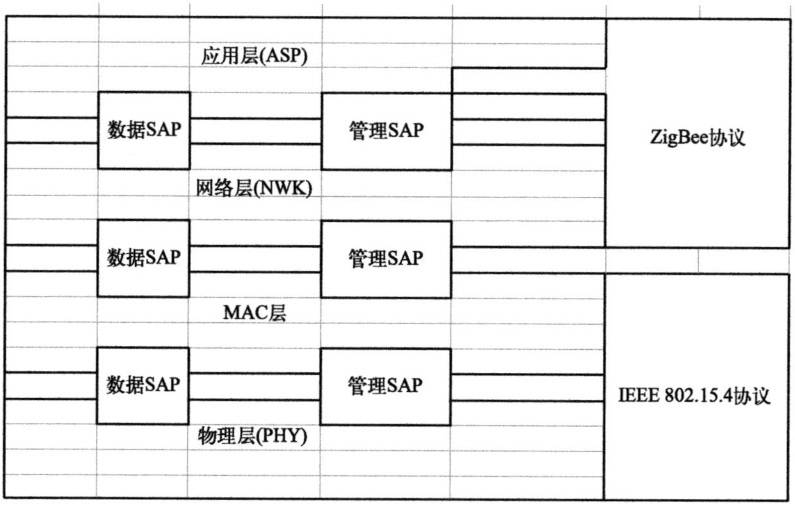

图 10-11　ZigBee 体系结构

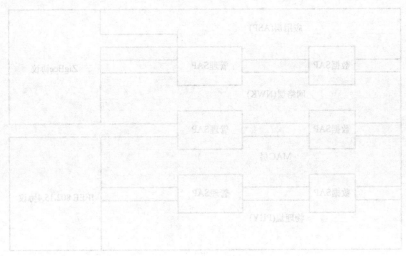

实践篇　移动机器人案例分析

第 11 章

轮式全向移动机器人
系统分析

11.1 轮式全向移动机器人底盘系统分析

全向移动机器人的机械结构主要由底盘机构和车体等组成。底盘机构采用轮毂电机独立驱动 3 或 4 个全向轮，独立悬挂结构，呈对称分布。常见的全向底盘主要有 3 种，分别是万向轮底盘、麦克纳姆轮底盘和福来轮全向底盘。

万向轮全向底盘：此类底盘前后为随动万向轮，中间为差速双驱，具有结构简单、成本低、控制难度低等特点，如图 11-1 所示。

麦克纳姆轮全向底盘：此类底盘每个轮独立驱动，每个驱动轮都有麦克纳姆轮，常用于负载较大的自动导引车（AGV），如图 11-2 所示。

图 11-1　万向轮全向底盘　　　　　图 11-2　麦克纳姆轮全向底盘

全向福来轮由主轮和副轮组成，主轮和副轮呈垂直分布（图 11-3）。

四轮全向底盘采用全向福来轮作为执行轮时，有两种安装方式。一种为四个轮呈正方形分布，且每个轮在斜 45°方向安装，如图 11-4 所示。

另一种可采用相邻的轮垂直分布，位于底盘四个顶点位置，如图 11-5 所示。

主轮

副轮

图 11-3　福来轮

图 11-4　四轮福来轮底盘 1

全向底盘具备结构简单、运动灵活等特点。三轮全向底盘采用全向福来轮作为执行轮，三个轮呈正三角形分布（图 11-6）。

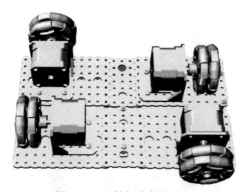

图 11-5　四轮福来轮底盘 2

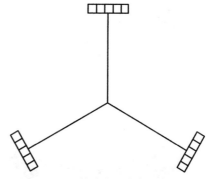

图 11-6　三轮全向福来轮底盘简图

为了实现全向移动机器人的各项功能指标，我们的控制系统需要具备：底盘运动控制、执行机构控制、自动充电控制、传感器数据反馈和处理等功能。

同时，全向移动机器人多台同时运行时，需要接受中央调度系统的控制，所以需要和服务器主机进行通信。

为了保证整套系统安全稳定运行，每个全向移动机器人上都单独配备独立的安全装置，在遇到障碍物或其他突然情况时，能够有效保护全向移动机器人自身和其他设备的安全。

11.2　轮式全向底盘运动控制

全向福来轮底盘的一个特点是可以灵活地全向移动，四轮全向轮的全向移动需要四个轮的相互配合，运动方向和各个轮的转向关系如图 11-7～图 11-10 所示（箭头方向表示轮或车的运动方向）。

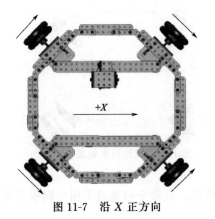

图 11-7　沿 X 正方向　　　　　　图 11-8　沿 X 负方向

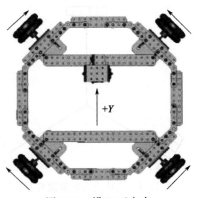
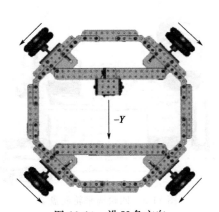

图 11-9　沿 Y 正方向　　　　　　图 11-10　沿 Y 负方向

正六边形和其他多边形有一个相同的条件，每个顶角角度一致，并且所有的多边形外角＝360°/n（n 为边数），这样的话，两条相邻边的角度是一致的，所以在这里我们采用了一种算法：先以多边形的一个顶点 A 创建直角坐标系，然后确定相邻一条边上另一个顶点 B 的坐标，利用插补法完成一条边的绘制，然后再以顶点 B 为原点创建一个直角坐标系，继续绘制下一条边，重复上面的流程，完成多边形绘制。通过该方法，我们只需要知道多边形的边长和边数就可以完成任意正多边形的绘制。多边形绘制算法简图如图 11-11 所示。

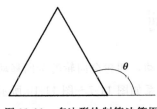

图 11-11　多边形绘制算法简图

多边形计算公式：

$$x = \cos \frac{2\pi n}{m} \times L$$

$$y = \sin \frac{2\pi n}{m} \times L$$

式中，n 为循环中绘制的第几条边，n 的取值

范围为 $0 \sim (m-1)$；m 为总边数；L 为边长。

备注：坐标系原点为上一笔最终点，坐标系方向不变。

三轮全向福来轮底盘运动简图如图 11-12 和图 11-13 所示（横线表示该轮不转，箭头方向为轮转动方向）。

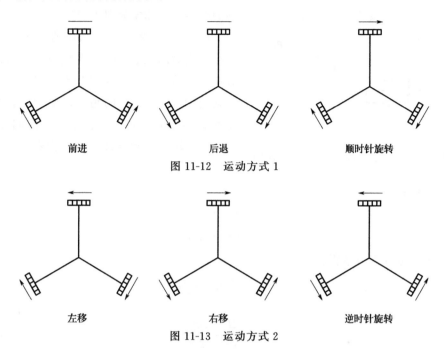

前进　　　　　　　后退　　　　　　　顺时针旋转

图 11-12　运动方式 1

左移　　　　　　　右移　　　　　　　逆时针旋转

图 11-13　运动方式 2

11.3　轮式全向机器人轨迹控制

物流 AGV 底盘的工作原理：通过键盘给底盘输入运行速度，运行速度包含底盘运动方向和具体的速度值，底盘将运行速度进行处理转化成底盘中 2 个电机的速度，电机的速度也包含转动方向和具体的速度值，如图 11-14 所示。

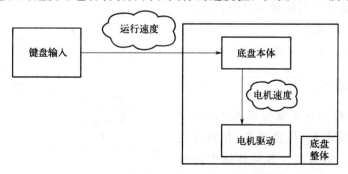

图 11-14　物流 AGV 底盘的工作原理图

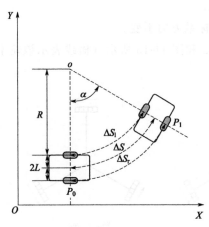

图 11-15　物流 AGV 底盘的运动简图 1

对于物流 AGV 底盘的速度及轨迹计算，这里我们先将底盘的整体运动简化成无数个局部运动，局部里程求解内容为 P_0 到 P_1 的 X 方向移动距离、Y 方向移动的距离，可抽象为图 11-15。

图中，P_0 为上一个动作的状态，P_1 为行进之后的状态；O 点为底盘差速（或等速）的旋转中心；α 是底盘从 P_0 位置运动到 P_1 位置旋转的角度；R 为底盘左轮的旋转半径，$2L$ 为左右两轮的间距；ΔS_1 为左轮的运动路线，ΔS_r 为右轮的运动路线。

可得：

$$\begin{cases} \Delta S_1 = R \times \alpha \\ \Delta S_r = (R + 2L) \times \alpha \end{cases} \tag{11.1}$$

上述方程组可解得：

$$\begin{cases} L\alpha = \dfrac{\Delta S_1 - \Delta S_r}{2} \\ R = \dfrac{2L \times \Delta S_1}{\Delta S_r - \Delta S_1} \end{cases} \tag{11.2}$$

从图中可得：

$$\Delta S = (R + L) \times \alpha \tag{11.3}$$

联立式（11.1）、式（11.2）和式（11.3）解得：

$$\Delta S = \dfrac{\Delta S_1 + \Delta S_r}{2} \tag{11.4}$$

设定底盘从 P_0 到 P_1 位置变动的角度为 $\Delta\beta$，通过几何推导不难得出 $\Delta\beta = \alpha$，如图 11-16 所示。

将式（11.2）代入式（11.1）可得：

$$\Delta\beta = \alpha = \dfrac{\Delta S_r - \Delta S_1}{2L} \tag{11.5}$$

通过几何推导不难得出图 11-17 中 $\theta = \Delta\beta/2$，设定 P_0 位置到 P_1 位置直线距离为 Δd，将局部放置到整体中进行分析。设定该局部运动前的初始角度为

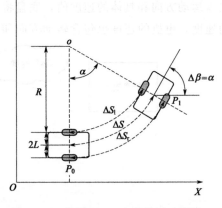

图 11-16　物流 AGV 底盘的运动简图 2

β，则表达关系如图 11-18 所示。

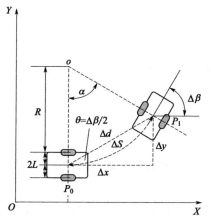
图 11-17　物流 AGV 底盘的运动简图 3

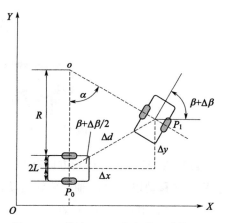
图 11-18　物流 AGV 底盘的运动简图 4

从图 11-18 中可推导出：

$$\begin{cases} \Delta x = \Delta d \times \cos(\beta + \dfrac{\Delta\beta}{2}) \\ \Delta y = \Delta d \times \sin(\beta + \dfrac{\Delta\beta}{2}) \end{cases} \qquad (11.6)$$

这里我们分析的是局部运动，可以理解为 $\Delta d \approx \Delta S$，如图 11-19 所示。

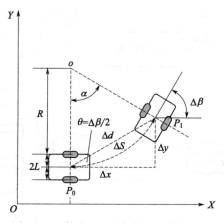
图 11-19　物流 AGV 底盘的运动简图 5

所以：

$$\begin{cases} \Delta x = \Delta S \times \cos\left(\beta + \dfrac{\Delta\beta}{2}\right) \\ \Delta y = \Delta S \times \sin\left(\beta + \dfrac{\Delta\beta}{2}\right) \end{cases} \qquad (11.7)$$

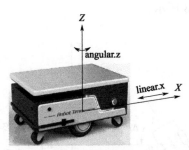

图 11-20　物流 AGV 底盘的运动方向

　　物流 AGV 底盘的运动方向有 2 个，简单说就是前后移动和转向。可以抽象为 X 方向移动以及绕 Z 轴的旋转运动，如图 11-20 所示。

　　图 11-20 中，linear.x 表示 X 方向线速度；angular.z 表示绕 Z 轴旋转角速度。

　　底盘二维码导航的工作原理：底盘根据设定好的路径（速度和方向）进行运动，借助底盘底部摄像头识别的二维码坐标和底盘实时提供的 odom（里程信息）进行定位，并且实时二维码信息跟路径点进行对比对底盘进行矫正，如图 11-21 所示。

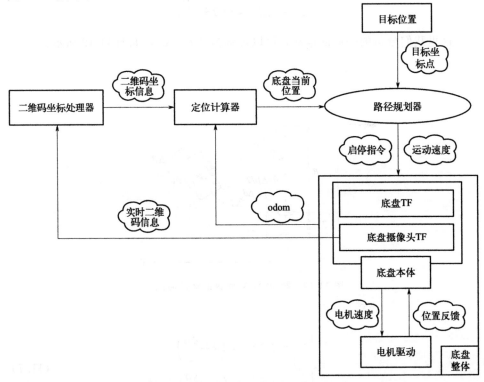

图 11-21　底盘二维码导航的原理图

SLAM 导航的工作原理：首先，导航功能包采集机器人的传感器信息，达到在地图中避障运行的效果，机器人通过 ROS 发布 LaserScan 的雷达点云的信息；其次，导航功能包发布 Odometry 格式的里程计信息，同时发布相应的 TF 变换；最后，导航功能包的输出是 Twist 格式控制命令，机器人通过这些指令完成任务，如图 11-22 所示。

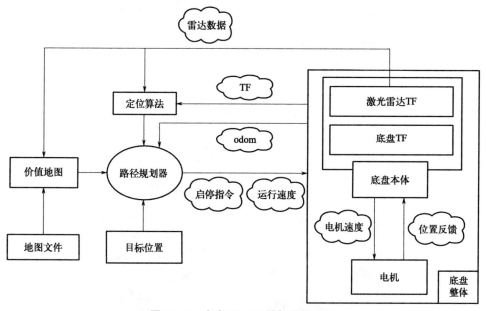

图 11-22　底盘 SLAM 导航的原理图

以 CAR-BM2 为例，CAR-BM2 是一款面向行业应用、智能六轮双驱差速底盘，支持工业应用，传统制造智能改造，具有超强越障性能，安全防护性强，可支持机器人开源系统设计（基于 ROS 开源机器人系统）、移动机器人运动控制、SLAM 和视觉双导航与定位系统，完全支持二次开发，其底盘尺寸与结构如图 11-23～图 11-25 所示。

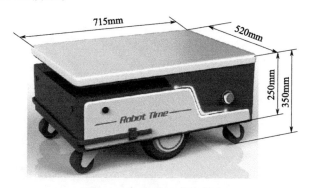

图 11-23　底盘尺寸示意图

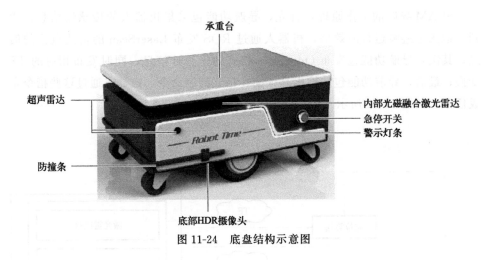

图 11-24　底盘结构示意图

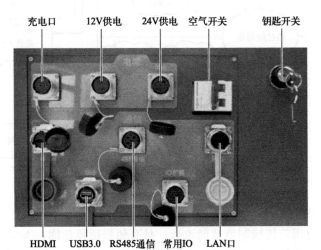

图 11-25　底盘外部电气结构示意图

第 **12** 章

仿生步行机器人系统分析

12.1 仿生步行机器人系统构建

仿生机器人是集仿生技术、电子技术、机器人设计技术和计算机控制技术于一体的行走式机器人。其落足点是离散的，通过合理选择支撑点，能灵活调整行走姿态，具有良好的避障和越障能力。步态是步行机器人的迈步方式，是步行机器人各腿协调运动的规律，是其他控制算法实现的基础。

控制系统是以微处理器为基础，采用二级结构，即协调级和执行级。协调级实现和外界环境的信息交换功能，包括人-机信息交换、外界环境信息的获取和处理、生成控制指令等功能；执行级对各个关节进行伺服控制，将接收的控制指令，分解成各关节的坐标，并对执行器进行伺服控制。硬件主要包括：中央控制模块、键盘输入模块、舵机驱动模块、液晶显示模块以及障碍检测模块；软件主要包括：初始化模块、路径计算模块、机器人运动模块、键盘输入模块及液晶显示模块等。软件整体采用结构化设计方法，编制功能实现函数，利用函数参数传递的方法，完成系统功能，简化了软件调试，并为将来的系统功能拓展提供方便。

12.1.1 多足机器人结构分析

多足机器人结构的搭建很大程度上依赖生物仿生学，在大自然长期的选择下，留下的生物特征必定是适应对应环境的最优选择，所以多足机器人的结构和自然界中很多动物类似。以最常见的四足机器人和六足机器人为例来说一说常见的结构。四足机器人的腿部排列结构一般参照四足动物，在多足机器人学中被简化为矩形排列，单腿结构变化多，较为复杂。常见的有 3 自由度的单腿，并可根

159

据不同关节形式配置将其分为全肘式、全膝式、内膝肘式、外膝肘式四种。利用足式机器人与地面离散化接触的特点，简化结构和控制，也有优化单自由度的四足机器人。另外，有的机器人为了执行更复杂的功能，如需要在足式和轮式结构间切换，在单腿添加了更多的自由度，到四个甚至以上。六足机器人在机体结构上就会更复杂一些。很多六足机器人参照昆虫来制造，由躯体和足两个基本部分组成。六足机器人的结构设计重点之一是六足在机体的布置方式。研究者会在基本原则下，即腿部和关节间的不互相干涉，从机体的稳定性，对控制性以及易加工性等进行选择。常见的有被广泛采用的矩形排布，具有结构控制简单的特点；也有最接近昆虫仿生的椭圆形或者六边形排布，其减少了足间干涉，以增大足的运动范围的方式提高了机体稳定性；还有圆形布置，转向性和稳定性均有优势，但因足间控制轨迹的不同，在控制上更具挑战性。另外，尺寸上也会有要求，如机体与腿部的尺寸比例，腿部节段尺寸比例。一些研究者会根据昆虫腿部尺寸比例设计六足机器人的三段式的单足结构，分别对应昆虫的股节、胫节以及跗节。

自然界中总存在着一些人类难以到达的地方（如外太空、深海等）和危险、恶劣环境，于是就开发利用能够自主运行的可移动机器人代替人类从事一些危险和难以触及的环境方面的作业。由于足式移动机器人比其他移动机器人有着更好的地形适应能力，并且更加灵活，因此在实际中得到了更加广泛的应用。足式移动机器人按照其"腿部"的数量不同可以分为单足式移动机器人、双足式移动机器人和多足式移动机器人（包括四足式移动机器人、六足式移动机器人和八足式移动机器人等）。

（1）单足式移动机器人

单足式移动机器人一般做成弹跳式。1980年，世界上最早的弹跳机器人在麻省理工学院机器人实验室研制成功，该机器人采用连续跳跃机构，可实现连续弹跳。单足式移动机器人结构简单，做成弹跳式可以越过数倍自身尺寸的障碍物，比其他足式机器人更加适应多障碍物的环境，在考古探测、地形勘查等领域得到了大量的应用。图12-1为单足式弹跳机器人。

（2）双足式移动机器人

双足式移动机器人可以适应各种复杂地形，对步行环境要求很低，有较高的跨越障碍能力，不仅可以在平面上行走，而且能够方便地上下台阶及通过不平整、不规则或较窄的路面，它是足式移动机器人中应用最多的。双足步行机器人能凸显出科技水平个性化，可提高服务水平，担当导游、服务、咨询、信息查询等角色。这不仅仅是一个服务问题和节省人力的问题，更重要的是它可以提供各种全面特殊的服务，可在不同的场合充当不同的角色，可以自动识别行走过程中碰到的障碍物，并做语音提示。图12-2为一种双足式移动机器人。

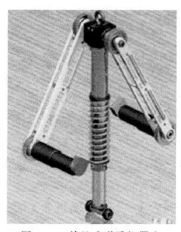

图 12-1　单足式弹跳机器人

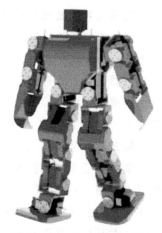

图 12-2　双足式移动机器人

（3）多足式移动机器人

多足式移动机器人是一种具有冗余驱动、多支链、时变拓扑运动机构足式机器人，多足式移动机器人具有较强的机动性和更好的适应不平地面的能力，能完成多种机器人工作。常见多足式移动机器人包括四足步行机器人、六足步行机器人、八足步行机器人等。多足式移动机器人如图 12-3 所示。

与其他类型的足式移动机器人相比，单足式移动机器人虽然腿部结构较为简单，但其行走平衡性较差，并且行走较难控制，在实际中的应用价值不大，常作为小型的教育型机器人。为了提升单足式移动机器人应用价值，常将单足式移动机器人的足部设计成弹跳式和球轮式特殊结构。

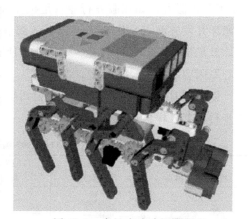

图 12-3　多足式移动机器人

轮动与爬行都不能越过与自身大小相当的障碍，只有弹跳才能做到，弹跳机器人可以越过数倍甚至数十倍于自身尺寸的障碍物。弹跳结构与其他移动方式结合可以大大提高机器人的活动范围，而且弹跳运动的突然性与爆发性有助于机器人躲避危险。

传统的单足机器人由于受到腿部机械结构和运动控制的限制，很难在小范围内实现灵活的全方位移动，为解决这一问题，将足部末端的机构设计成圆球体结构，从而出现了单足球轮移动机器人。单足球轮移动机器人依靠圆球体在地面上移动，圆球体相当于不受方向限制的轮子，在小范围内可以灵活地全方位移动。

单足球轮移动机器人与地面只有一个接触点，所以不能保持静态稳定，只能处于动态的平衡当中。单足球轮机器人换向时不用转弯，当工作区域特别狭窄时，具有很强的实用性。

双足步行机器人是一种有着良好的自由度，并且灵活、稳定，能够适合各种不同的环境，集机械、电子、信息、光检测为一体的具有"两条腿"可以类人直立行走的机器人。早在1968年，美国通用公司试制了一台名为"Rig"的操纵型双足机器人，揭开了双足机器人研究的序幕。1972年，日本早稻田大学研制出第一台功能较全的双足步行机器人。接着，美国、南斯拉夫等学者也研制出各种双足走行机器人模型。到20世纪80年代，国外的双足机器人研究进入热潮，并提出了很多非常系统的建模及控制的理论和方法。目前双足机器人的研究已取得了一定的成果，尤其是近几年来随着驱动器、传感器、计算机软硬件等相关技术的发展，出现了大量的机器人样机，不仅实现了平地步行、上下楼梯和上下斜坡等步态，有的还能实现跑步、弹跳及跳舞等动作。

双足步行机器人因其具有体积相对较小，对非结构性的复杂地面具有良好的适应性，自动化程度高，并且能耗较少、移动盲区小等优点，使其成为机器人领域的一个重要发展方向。双足机器人虽然研究难度较大，但其应用领域广泛，很多学者纷纷投入到双足机器人的研究中来，也不断研发出了适合不同工作环境的"专用"机器人，如在服务行业双足机器人可以担当导游、服务员、提供咨询等，在海洋开发方面双足机器人可以深入海底进行深海探索等。相对其他移动机器人，双足步行机器人也有着一定的缺点使其应用受限，如行进速度较低，且由于重心原因容易侧翻，不稳定，等等。

以机器时代（北京）科技有限公司组装的仿生机器人产品为例，可组装的仿生步行机器人样机如表12-1所示。

表12-1　RINO-BIO03组装的仿生机器人样机

简易双足机器人-机器马	齿轮组仿生双足	拉车机器人	欠驱动仿生双足	简易四足机器人
齿轮连杆组四足机器人	仿生螳螂	连杆仿生六足	连杆仿生八足	切比雪夫连杆四足

续表

4 自由度并联双足	5 自由度仿生蛇	6 自由度双足	6 自由度并联人形机器人	8 自由度四足
12 自由度六足机器人	4 自由度并联四足 1	4 自由度并联四足 2	8 自由度机械狗	16 自由度人形机器人

此外，还可以通过轮腿结构来设计多足步行机器人，轮腿平台可模块化快速拆装，是人工智能、轮腿机器人运动控制、机器视觉、SLAM 导航等先进技术的载体。ATS-HUU01 实物如图 12-4 所示。

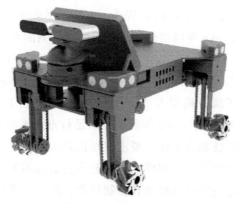

图 12-4　ATS-HUU01

12.1.2　多足机器人的发展现状

(1) 多足机器人的发展概述

在自然界和人类社会中存在一些人类无法到达的地方和可能危及人类生命的特殊场合。如行星表面、灾难发生后的矿井、需要进行防灾救援和反恐斗争的场合等，对这些危险环境进行不断地探索和研究，寻求一条解决问题的可行途径成为科学技术发展和人类社会进步的需要。地形不规则和崎岖不平是这些环境的共同特点。以往的研究和实践经验表明，不管是轮式机器人、履带式机器人还是单、双足式移动机器人都难以满足以上需求，由于多足步行机器人对崎岖和不规则地形的独特适应能力，使多足步行机器人的研究蓬勃发展起来。

多足步行机器人是一种具有冗余驱动、多支链、时变拓扑运动机构，模仿多足动物运动形式的特种机器人。国内外研究多足步行机器人最早可以追溯到我国的三国时期，蜀汉丞相诸葛亮发明的一种运输工具"木牛流马"。国外有据可查的记载是 Rygg 在 1893 年设计的机械马。此后多足步行机器人历经一百多年的发展，取得了长足的进步，归纳起来主要经历了以下几个阶段：

第一阶段，机械和液压控制实现运动的发展阶段。二十世纪六十年代，美国的 Shigley（1960 年）和 Baldwin（1966 年）就使用凸轮连杆机构设计出比轮式车或履带车更为灵活的步行机。这一阶段比较典型的是美国的 Mosher 于 1968 年设计的四足车"Walking Truck"，步行车的四条腿由液压伺服马达系统驱动，安装在驾驶员手臂和脚上的位置传感器完成位置检测功能。虽然整机操作比较费力，但实现了步行及爬越障碍的功能，被视为现代步行机器人发展史上的一个里程碑。从步态规划及控制的角度来说，这种要人跟随操纵的步行机器人并没有体现步行机器人的实质性意义，只能算作是人操作的机械移动装置。

第二阶段，由于计算机大计算量的复杂数据处理能力的提高，机器人技术进入了全面发展的阶段。1987 年，K. J. Waldron 等研制成功了 ASV 六足步行机器人；1989 年，W. Whittake 等成功研制了用于外星探测的六足机器人 AMBLER；1993 年 1 月，八足步行机器人 DANTE 用于对南极的埃里伯斯火山的考察，而后，其改进型 DANTE-II 也在实际中得到使用。在航空领域，美国 NASA（国家航空航天局）研制了爬行机器人"spider-bot"；英国在 1993 研制了六足步行机器人"MARV"，印度也于 2002 年研制了六足行走式机器人"舞王"。

第三阶段，多功能性和自主性的要求使得机器人技术进入新的发展阶段。由于许多危险工作可以由机器人来完成，这就要求机器人不但要具备完成各种任务的功能，还必须有自适应的运动规划和控制性能。所以，多足步行机器人的研究也进入了融合感知、规划和行动与交互的自主或与人共存的新一代机器人研究阶段。在国内，国防科技大学、中国科学院沈阳自动化研究所、清华大学、上海交通大学、哈尔滨工业大学等单位和院校都先后开展了机器人技术的研究，并在多足步行机器人技术的发展上取得了较大的成果。随着对多足步行机器人研究的日益深入和发展，多足步行机器人在速度、稳定性、机动性和对地面的适应能力等方面都在不断提高。

（2）多足步行机器人的优点

① 多足步行机器人的运动轨迹是一系列离散的足印，运动时只需要离散的点接触地面，对环境的破坏程度也较小，可以在可能到达的地面上选择最优的支撑点以适应崎岖地形。

② 多足步行机器人的腿部具有多个自由度，使运动灵活性大大增强。它可以通过调节腿的长度保持身体平衡，也可以通过调节腿的伸展程度调整重心位置，稳定性高，不易翻倒。

③ 多足步行机器人的身体与地面是分离的，这样可以使运动系统具有隔振能力，机器人的身体可以平稳地运动而不用考虑地面的粗糙程度和腿的放置位置。

④ 多足步行机器人在不平路面和松软路面上的运动速度较高，能耗少。

（3）多足步行机器人的缺点

当然，多足步行机器人也存在一些不足之处，当今多足步行机器人仍然面临很多亟待解决的问题：

① 有些多足步行机器人的体积和重量很大。在实际应用中未必有足够大的空间能够容纳它们或者根本不允许体积较大的机器人出现，并且为使腿部协调稳定运动，从机械结构设计到程序控制系统都比较复杂。从实用化角度出发，这类多足步行机器人在小型化方面还需要进行更深入的研究和改进。尤其是机械结构、控制系统硬件电路、电源系统、传感器等，需要寻找体积更小、效率更高的替代品。

② 大多数多足步行机器人研究平台的承载能力不强，从而导致它们没有能力承载视觉设备。而且多足步行机器人的视觉研究也不太成熟，而视觉正是多足步行机器人实现自主化和智能化的关键之一。要解决这个问题，首先还需改进现有多足步行机器人的机械结构设计，使其能够承受更大的负载；其次是改进视觉图像处理的算法，增强图像处理的实时性、快速性和准确性。

③ 步行敏捷性方面。多足步行机器人有很好的地面适应能力，但在某些地貌，其行走效率很低，而且在机器人步行步态方面的研究比较缺乏。这就提出机器人步行步态规划问题。因此多足步行机器人对地面的适应性和运动的灵活性需要进一步提高。随着计算机和智能化的不断进步和发展，使多足步行机器人具备更加广阔的应用前景，多足步行机器人将在更多场合和更加特殊环境中使用。

（4）多足步行机器人的发展趋势

纵览当前多足步行机器人的发展，多足步行机器人有以下几个值得关注的趋势。

① 多足步行机器人群体协作。多个多足步行机器人协调合作共同完成某项任务。与单个多足步行机器人相比，多个多足步行机器人的总负荷更大，可以携

带的仪器和工具更多，功能性更强。它们之间通过通信进行协调，也可以按照某种规则指定主机器人和从机器人，从而按照一定的队形和顺序对目标进行不同的测量和操作。而当其中某一多足步行机器人出现故障时，其他机器人还可以照常工作，大大提高了工作效率和可靠性。

② 多足步行机器人的智能化。传统步态规划的方法是在机器人逆运动学的基础上，并且已知步行环境，来计算机器人各驱动关节转角。这就提出了在机器人对未知环境进行识别后，对具有普遍实用意义的智能化的自主步态规划生成及控制的研究，及对机器人实现步行空间精度定位问题的研究。

③ 多足步行机器人的模块化和可重组。针对不同的工作环境，机器人需要根据环境的变化对自己的姿态进行调整。而模块化设计的多足步行机器人则可以根据环境的不同进行自重构。自重构多足步行机器人比起固定结构的多足步行机器人对地形的适应性更强，可应用的场合更多。因此，自重构机器人是多足步行机器人的发展方向之一。自重构机器人如图 12-5 所示。

图 12-5　自重构机器人

(5) 多足机器人控制方法

多足机器人自由度多，各运动耦合性强，需协调控制，运动控制十分复杂。多足机器人控制方法主要分为三种：

① 建模法。这是一种经典的控制方法，对多足机器人环境建立数学模型，然后通过制定的规则管控机器人的运动方式。这种控制方法可以使机器人实现复杂、精准的运动。不过这种方法在控制过程中需要进行大量测量与计算，速度较慢，控制的实时性不好。

② 行为法。该方法是机器人在被写入一些模型化通用的运动和功能后，通过与外界交互感知产生输入信号并刺激机器人对比大量动作后，组合产生一组最优的行为模式输出。但在这种方法中，机器人的动作库很有限，而且感知灵活度不够，使得其不能应用在复杂的地形中。

③ CPG 控制法，也就是中枢模式发生器控制法。CPG 模仿动物的脊髓（脊椎动物）或者胸腹神经节（无脊椎动物），也就是动物的中枢模式发生器。将多

足机器人的各足看作神经元，通过交替触发各足实现机器人的移动。各足之间的神经元会相互产生抑制或者促进来达到全局性的多足协调作用。另外，它可以在无高层上位机信号输入的情况下自主产生稳定的振荡行为，通过重构来实现多运动模式的输出。同时，CPG 控制也经常与反射模型或者与高层主动控制信号输入相结合，可以接受操作者的主观控制或者来自外部的反馈信号，并经由 CPG 进行修正，一面实现了运动节律的动态调整，一面提高对环境的适应能力。

以上三种方法都有各自的特点，其中 CPG 控制方法具有更突出的优势，通过使系统更好地关联，产生节律振荡输出；利用自然稳固的相位关系，输出动作模式多；能够接收高层信号并实行调整，也可以输出自激发信号。结构简单适应性强的 CPG 控制法成为多足机器人的主流控制方法。然而基于 CPG 原理的步态规划，其理论还处于未成熟阶段，规划出的步态与生物节律还有一定差距。因此，基于 CPG 的多足机器人控制研究是多足机器人的研究热点之一。

（6）多足机器人结构设计

① 双足步行机器人行走机构设计。

双足步行是步行方式中自动化程度最高、最为复杂的动态系统。双足步行系统具有非常丰富的动力学特性，对步行的环境要求很低，既能在平地上行走，也能在非结构性的复杂地面上行走，对环境有很好的适应性。与其他足式机器人相比，双足机器人具有支撑面积小，支撑面的形状随时间变化较大，质心的相对位置高等特点。虽然双足步行机器人步态是足式机器人中最复杂、控制难度最大的动态系统，但由于双足步行机器人比其他足式机器人具有更高的灵活性，因此具有自身独特的优势，更适合在人的生活或工作环境中与人类协同工作，而不需要专门为其对这些环境进行大规模改造。例如代替危险作业环境（如核电站内）中的工作人员，在不平整地面上搬运货物，等等。此外将来社会环境的变化使得双足机器人在护理老人、康复医学以及一般家务处理等方面也有很大的潜力。行走机构是足式机器人的关键技术所在，由于步行运动中普遍存在结构对称性，所以要求双足机器人的腿部机构必须是对称的，为保证传动精度和效率，在设计双足机器人腿部机构时，要求其关节轴系的结构必须紧凑，并且必须保证提供必要的输出力矩和输出速度，以满足机构动态步行运动速度和承载能力。

② 多足步行机器人结构设计。

目前机器人研究的领域已经从结构环境下的定点作业中走出来，向航天航空、星际探索、军事侦察攻击、水下地下管道、疾病检查治疗、抢险救灾等非结构环境下的自主作业方面发展，同时新的需求和任务也对机器人的性能提出了更高要求。通过对这些自主作业环境特点进行研究我们可以发现，不规则和不平坦的非结构环境成为这些作业任务的共同特点，这样就使轮式机器人和履带式机器人的应用受到极大的限制，多足仿生机器人也就应运而生。多足仿生机器人因其天生具有多关节、多冗余自由度、多种运动模式的特性，使其特别适合在复杂环境下完成搜救、侦察、排除爆炸物和星际探索等任务。

多足步行机器人的腿部机构是机器人的重要组成部分，是机械设计的关键之一，腿部性能直接决定着机器人功能的可行性。从某种意义上说，对多足步行机器人机构的分析主要集中在对其腿部机构的分析。一般地，从机器人结构设计要求看，腿部机构不能过于复杂，杆件过多的腿部机构形式会使结构和传动的实现产生困难。

12.2　仿生多足机器人行为控制

仿生机器人有串联关节型仿生机器人、并联关节型仿生机器人、仿人形机器人等三种。

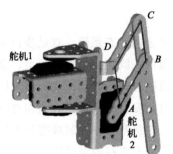

图 12-6　2 自由度串联腿

串联关节型仿生机器人是由多个串联腿组合而成的，串联腿是由多个关节串联而成。下面我们看一个 2 自由度串联腿结构，如图 12-6 所示。

该 2 自由度串联腿由舵机 1 和舵机 2 驱动，其中舵机 1 实现腿部前后摆动，舵机 2 实现腿部的上下抬伸。其中，平行四连杆 *ABCD* 作为传动结构以增加腿部的行程和增强腿部运动的稳定性。

仿生机器人常见的是仿生四足机器人、仿生六足机器人，腿部布局如表 12-2 所示。

表 12-2　仿生机器人的腿部布局

仿生四足机器人腿部布局	仿生六足机器人腿部矩形布局	仿生六足机器人腿部环形布局
A ——— C B ——— D	A ——— D B ——— E C ——— F	6 1 5 2 4 3

8 自由度四足仿生机器人的行进步态是将机器人四足分成两组腿（身体一侧的前足与另一侧的后足）分别进行摆动和支撑，即处于对角线上的两条腿的动作一样，均处于摆动相或均处于支撑相，如图 12-7 所示。不过转向时对角线上的腿部摆动方向跟前进步态不一样，图 12-8 为一个左转的步态。

12 自由度六足仿生机器人三角步态是将机器人六足分成两组（身体一侧的

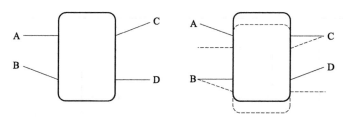

图 12-7　8 自由度四足仿生机器人的行进步态

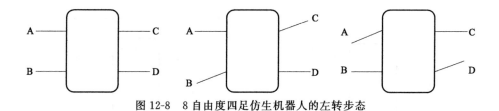

图 12-8　8 自由度四足仿生机器人的左转步态

前足、后足与另一侧的中足）分别进行摆动和支撑，即处于三角形上的三条腿的动作一样，均处于摆动相或均处于支撑相，如图 12-9 所示。

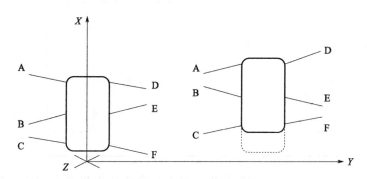

图 12-9　12 自由度六足仿生机器人三角步态

六足机器人的波动步态是机器人每条腿两侧依次运动，即左（右）侧一条腿先迈步，再右（左）侧腿迈步，再左（右）侧下一条腿运动，如此循环完成波动步态的运动，如表 12-3 所示。

表 12-3　12 自由度六足仿生机器人三角步态

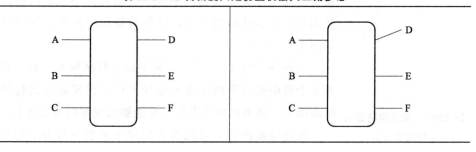

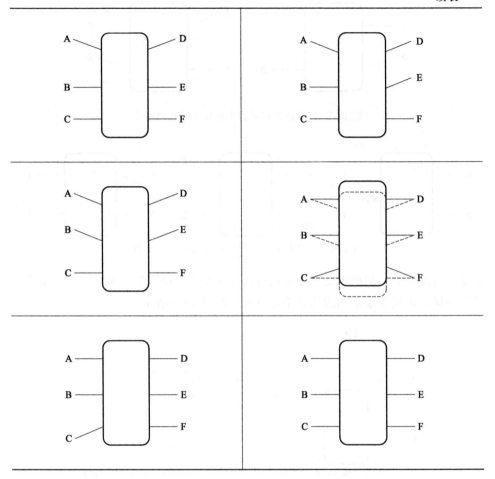

并联仿生机器人与串联仿生机器人相比具备结构更稳定，运动更灵活等特点。机器狗是一种典型的并联仿生四足机器人，其腿部结构主要模仿了四足哺乳动物的腿部结构，主要由腿部的节段和旋转关节组成。在设计机器狗的腿部结构时，可基于四足哺乳动物的生理结构，使用连杆代替腿部的骨骼来提高机器人的性能，机器狗腿部采用五连杆结构设计。机器狗腿部的连杆结构设计如图 12-10 所示。

图 12-10　机器狗腿部的连杆结构设计

五连杆结构（图 12-11）是平面连杆结构的一种，具有 2 个自由度的平面闭链五连杆机构不仅使运动机构的刚度增加，更突出的优点在于它能够实现变轨迹的运动。

腿部的旋转关节是机器人中很重要的一部分，它是

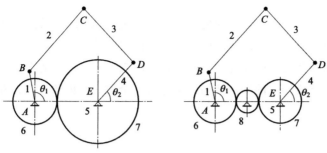

图 12-11　五连杆结构

整个机器人中的关键运动单元，关节的设计往往决定了机器人的运动特性和精度。关节单元主要负责连接相邻的两端节段，从而实现腿部的摆动。由于腿部做往复运动，因此关节单元的设计要符合循环负载的载荷规律。旋转关节结构如图 12-12 所示。

侧摆关节的主要作用是给机器人提供回转方向的自由度，使机器人的腿部能够偏离竖直平面运动，从而实现转弯、侧移、抗侧向冲击等步态。机器人的侧摆关节的驱动方式有多种方案可供选择，如表 12-4 所示。

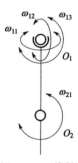

图 12-12　旋转关节结构图

表 12-4　机器人的侧摆关节的传动方案

传动方案 1	传动方案 2	传动方案 3
平面五杆机构	平面四杆机构	方案 1 组合后的狗腿

　　以方案3组合后的机器人为例进行分析，机器人的腿部关节大体分为两类：第一类是如四足哺乳动物前腿的肘关节一样的腿部关节设计，另一类是类似四足哺乳动物后腿的膝关节的腿部关节制造，如图12-13所示。基于以上原理，科学家们设计出四类机器人的腿部结构：全膝式、全肘式、内膝肘式、外膝肘式，如表12-5所示。

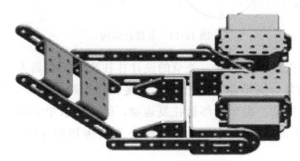

图 12-13　机器人的腿部关节

表 12-5　腿部结构的四种形式

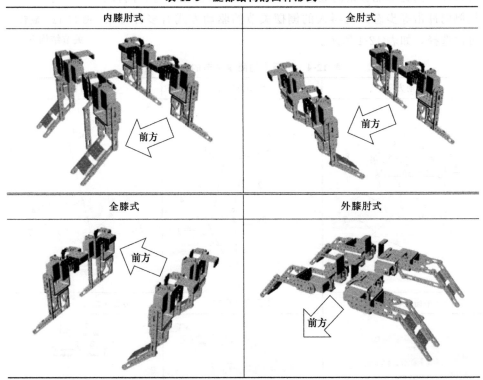

内膝肘式	全肘式
前方	前方
全膝式	外膝肘式
前方	前方

　　腿部的空间运动区域如图12-14所示。

　　四种布置结构的运动空间如表12-6所示。

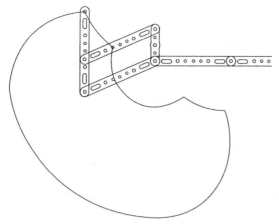

图 12-14　腿部空间运动区域

表 12-6　四种布置结构的运动空间

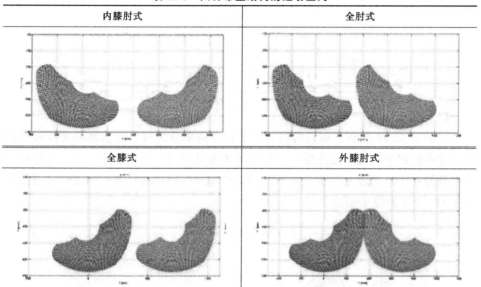

通过对比四种布置结构的运动空间，在内膝肘式结构条件下，运动中的机器人内部结构质心曲线最为平滑，因此该结构也是最稳定的，为两侧提供的运动空间也更大。此外，运动时机器人腿部重合的范围也缩小了。基于以上因素，内膝肘式结构条件有利于机器人的稳定操作。

12.3　仿生多足机器人步态规划

可以通过对狗的行走过程进行高速摄影，抓拍狗行走的运动全过程，如图 12-15 所示。

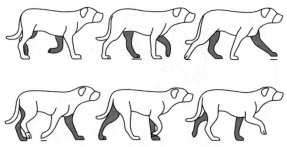

图 12-15　狗行走过程分解图

然后可以对其中一条腿进行分析，将其放在一个相对狗自身静止的坐标系中，如图 12-16 所示。

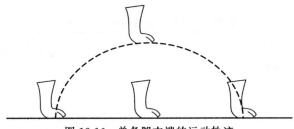

图 12-16　单条腿末端的运动轨迹

根据图 12-16 分析，可以将狗的腿部运动简单分为与地面接触的支撑阶段和离开地面的跨越阶段，支撑段——足接触地面且相对于地面静止不动，身体相对于地面前移；跨越段——足在空中运动，跨越障碍物。将足部点相连，可近似得到图 12-17 中虚线所示的"馒头"状轨迹。

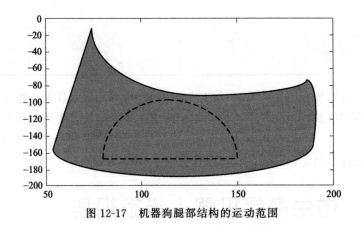

图 12-17　机器狗腿部结构的运动范围

要想让机器狗像真正的狗一样走路，我们就需要控制舵机，让机器狗的腿部走出类似图 12-17 中的"馒头"状轨迹。这段轨迹不能超出我们设计的机器狗腿部的运动范围，如图 12-17 所示（阴影区域为机器狗腿部结构的运动范围）。

　　从而得到"馒头"状轨迹曲线的坐标，如图 12-18 所示。

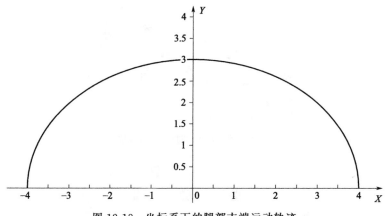

图 12-18　坐标系下的腿部末端运动轨迹

　　于是我们可以根据这个坐标为"馒头"状轨迹指定一个合适的方程。图 12-18 中轨迹弧线部分可近似取为一个椭圆。

　　取轨迹原点在真实坐标系中的位置为 (x_0, y_0)；取椭圆两半轴长为 $a=3$，$b=4$。

　　则该椭圆方程为：

$$y = b\sqrt{1 - \frac{x - x_0}{a}} + y_0$$

　　或者：

$$\frac{x - x_0}{a^2} + \frac{y - y_0}{b^2} = 1 \quad (y \geqslant y_0)$$

　　底部直线方程为：

$$y = y_0 (x_0 - a \leqslant x \leqslant x_0 + a)$$

　　通过这个方程，再结合机器狗腿部机构运动公式，即可反推出舵机的一系列运动参数。

　　机器狗是四足行走机构，由于四足动物运动的稳定性，相对于双足行走的人来说，其运动步态比较简单，如图 12-19 所示。

　　机器狗采用前后脚差 180°时的脚部运动落地顺序图，如图 12-20 所示。机

图 12-19　机器狗模型

器狗采用前后脚差 90°时的脚部运动落地顺序图，如图 12-21 所示。（注：白色为
要抬起的脚，黑色为不抬起的脚。）

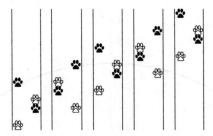

图 12-20　前后脚差 180°时的脚部落地顺序图

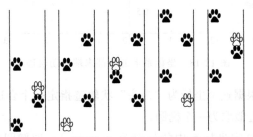

图 12-21　前后脚差 90°时的脚部落地顺序图

机器狗四条腿同时动的时候的动作效果包括整体下蹲、整体站立、身体前后
俯仰、身体侧翻等，效果图如图 12-22～图 12-24 所示。

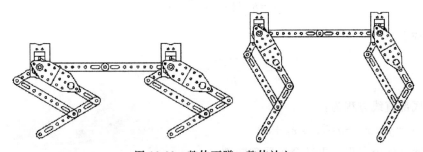

图 12-22　整体下蹲、整体站立

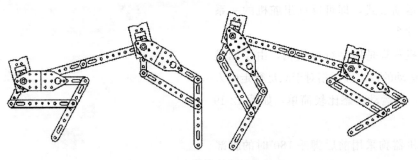

图 12-23　身体的前后俯仰动作

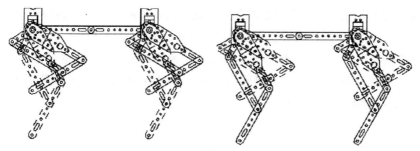

图 12-24　身体的侧翻动作

12.4　仿人形机器人行为控制

仿人形机器人是一种旨在模仿人类外观和行为的机器人（robot），尤其特指具有和人类相似肢体的机器人。常见的一个包含完整四肢和头部运动的机器人需要 17 个自由度：每条腿有 5 个自由度；两条手臂共 6 个自由度，每条手臂 3 个自由度；头部 1 个自由度，如图 12-25 所示。

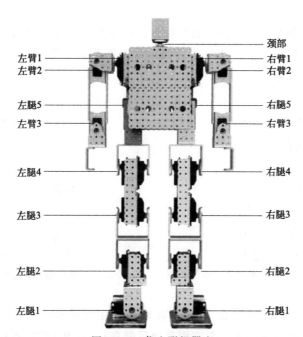

图 12-25　仿人形机器人

人形机器人行走主要依靠腿部的运动，同时可以通过甩臂等动作调整平衡姿态，所以人形机器人的步态规划主要看腿部各关节的协调，下面给大家分析一个人形机器人 10 自由度双足的前进步态。

这里为了方便分析，将双足简化，如图 12-26 所示，其中每条腿包含一个 2 自由度的髋关节 A 和 B，A 左右摆动，B 为前后摆动；一个自由度的膝关节 C，为前后摆动；2 个自由度的踝关节 D 和 E，D 为前后摆动，E 为左右摆动。

第一步通过左右倾斜让左腿脱离地面，注意保持上半身的水平。调整 A/A_1、E/E_1，如图 12-27 所示。

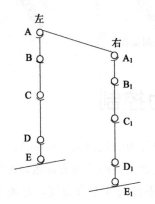

图 12-26　人形机器人的双足简图　　图 12-27　人形机器人行走的第一步正面图

第二步左腿抬起，右腿回到初始位置。调整 B、C、D，如图 12-28 所示。

第三步右腿向前弯曲，使身体前倾，让左脚落地，为下一步右腿迈步做准备，如图 12-29 所示。

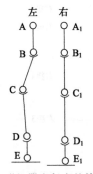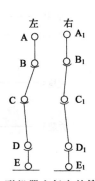

图 12-28　人形机器人行走的第二步侧面图　　图 12-29　人形机器人行走的第三步侧面图

第四步通过左右倾斜让右腿脱离地面，注意保持上半身的水平。调整 A/A_1、E/E_1（注意这一步之前左脚落地后绷直），如图 12-30 所示。

第五步右腿抬起，左腿回到初始位置。调整 B_1、C_1、D_1，如图 12-31 所示。

第六步左腿向前弯曲，使身体前倾，让右脚落地，为下一步左腿迈步做准备，如图 12-32 所示。

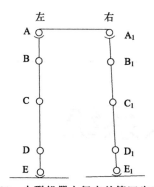

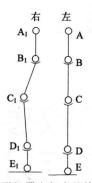

图 12-30　人形机器人行走的第四步正面图　　图 12-31　人形机器人行走的第五步侧视图

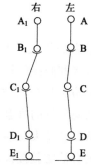

图 12-32　人形机器人行走的第六步侧面图

　　提示：在上面的步态描述中所画的图都以每一步最全面的角度为准，所以大家不要在意视图，注意步态。

第**13**章

消防救援机器人系统 设计与分析

近年来，在世界各地，火灾带来的损失居高不下，消防仍然面临着巨大挑战。据统计，全世界火灾造成的直接和间接的损失约占世界生产总值的1%。火灾造成的人员伤亡也非常惨烈，消防员执行消防救援任务时要承担很大的风险。火灾扑灭和被困人员救援是当今消防领域的难题。消防救援机器人作为特种消防设备，其应用将大大提高消防部队扑救特大恶性火灾的实战能力，对减少财产损失和人员伤亡起到重要的作用。现有消防救援机器人功能比较单一，大多数仅具有远程灭火功能，不能执行被困人员救援等复杂作业任务。此外，现有消防救援机器人完全由人遥控操作，不具有自主规划和作业能力，多是单兵作战，缺乏协同作业能力，且机器人与现场指挥中心交互能力不足。当前消防救援机器人智能化程度低，距离消防实际需求尚存在较大差距。因此，围绕智能化消防救援机器人作业系统，系统整合机器人学、机电一体化、人机交互、数据收集与分析、决策支持系统、混合建模与智能控制等多学科交叉技术，搭建智能机器人消防平台，并开发具有实时交互、动态感知和可视化远程控制功能的智能决策系统，可以切实提高消防救援机器人的智能化水平。

13.1 创新设计智能消防灭火机器人

(1) 智能消防灭火机器人系统设计

面向智能消防作业任务，采用复杂机电系统功能分解原理，智能消防灭火机器人系统分为机械执行、导航及定位、视觉信息、控制终端四大系统，如表13-1所示。根据快速移动灭火性能要求，并基于机器人构型综合理论，在传动履带模型上增加2个托带轮及支撑板，构成了由8个转动副、3个固定副、1个移动副组成的履带优化模型，履带结构呈不规则四边形，如图 13-1 所示，智能消防灭火机器人虚拟样机如图 13-2 所示。

表 13-1　智能消防灭火机器人设计参数

系统模块	参数名称	参数指标
机械	外形尺寸	1165.5mm×835mm×1083.5mm
	机器人质量	240kg
	行驶速度	1.5m/s
	爬坡、楼梯能力	30°(可爬楼梯)
	越障高度	0.2m
	工作时间	3h(全功率)
	水炮射程	50m
	俯仰角范围	0°～+70°
	水炮额定流量	30L/s(±8%)
导航及定位	测量距离	>50m
	测量精度	±3cm
	定位精度	<0.5m
	IMU	含 3 轴陀螺仪和 3 轴加速度计
视觉	测距范围	3～60m
	测距误差	<5%
	图像帧率	15fps(帧每秒)
	热成像响应波段	8～14μm
	云台	水平 360°
	可见光图像分辨率	可见光 1920×1080
	热成像响应波段	8～14μm
控制	显示图像	现场环境的热成像与可见光
	操控	行进方位键、模式切换
	信息显示	实时环境位置、任务执行情况、电量
	快捷键功能	任务设定

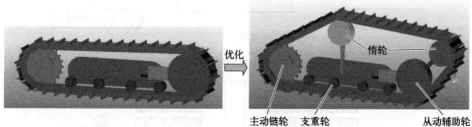

图 13-1　优化后的履带模型

机器人系统组成与布局如图 13-3 所示，消防灭火机器人的本地控制系统软件主要由上位机软件和下位机软件组成。下位机软件是履带底盘驱动器软件，电

图 13-2　智能消防灭火机器人虚拟样机

机驱动器通过 RS232 协议与上位机进行通信。通信方式为 RS232 转 USB。通过该通信方式上位机给驱动器发送控制指令，驱动器完成相应的操作，同时上位机接收电机位置、速度、电流等反馈信息，从而实现对智能消防灭火机器人运动的闭环控制。消防灭火机器人的上、下位机通信示意图如图 13-4 所示。系统上层硬件为主控单元，下层硬件为机器人各关节电机驱动器及各传感器。通过以太网交换机接入 4G

无线网络，且在 4G 信号因环境受限时可建立局域网与远程操控端通信。

如图 13-5 所示，智能消防灭火机器人搭载了集红外热成像仪、摄像机于一体的云台，并且云台具备 360°旋转功能，监控范围广，火源侦查能力强，具备

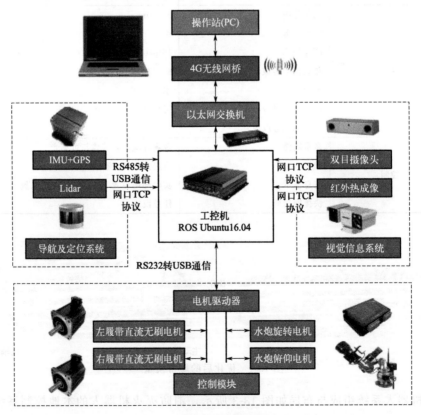

图 13-3　机器人系统组成与布局

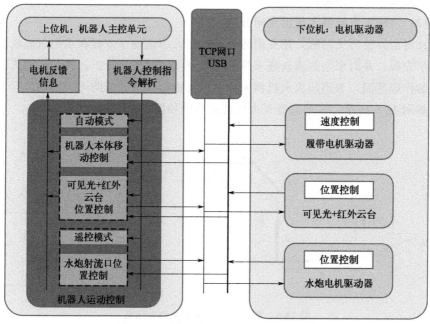

图 13-4　控制系统上、下位机通信方式

传感感知能力，能够满足在黑暗和恶劣条件下的作业需求。与现有常见配备履带的大型消防救援机器人相比，智能消防灭火机器人拥有更小巧轻快的机身，有着更快的移动速度、更高效的灭火性能和稳定的机器人人机交互接口，通过人机交互接口实现多机器人系统、智能传感与网络、智能决策系统与消防指挥中心的有机融合。

机器人还配备了两光轴平行的双目视觉和可实现 360°全方位灭火的 2 自由度消防水炮，双目视觉可以精确锁定火源位置，满足了各种恶劣条件下各个方向均可灭火的需求，消除灭火死点。云台成功接入智能传感器网络，可以通过消防平台远程感知机器

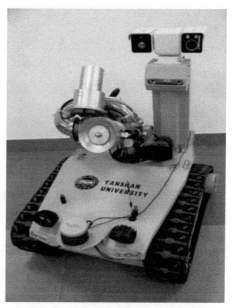

图 13-5　智能消防灭火机器人样机

人周围环境，准确定位火源与机器人的相对位置。机器人搭载智能传感器，与智能消防平台互通，可实现火场内外信息通信。通过智能消防平台实现多机协同作

战，更高效地完成消防任务。

（2）消防灭火机器人射流空间分析

针对全方位灭火问题，建立消防灭火机器人的运动学方程和水炮射流轨迹的运动学方程，并对水炮射流轨迹末端的灭火空间进行仿真分析，得到消防灭火机器人的作业范围，为消防灭火机器人精准灭火提供支撑。消防灭火机器人运动坐标系如图 13-6 所示，水炮射流灭火轨迹示意图如图 13-7 所示。

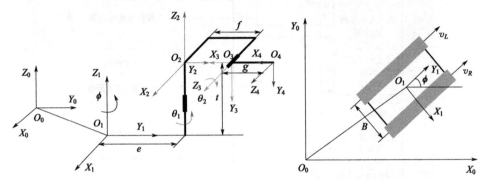

图 13-6　消防灭火机器人运动坐标系

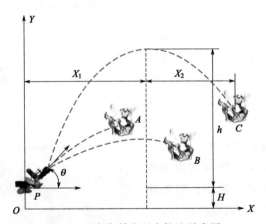

图 13-7　水炮射流灭火轨迹示意图

在不改变消防水炮的机械结构参数（水流管路形状、横截面积、长度以及射流口内径）的情况下，消防水炮的射程和射高由水流的压力、流量以及消防水泡在消防灭火机器人上的安装高度和水炮俯仰角决定。在水流压力、流量确定的情况下，依据质点运动学理论，模拟移动消防水炮的射流轨迹，如图 13-8 所示。

（3）消防灭火机器人运动纠偏控制

考虑消防灭火机器人面向复杂环境下灭火任务作业需求，针对机器人越障过程中因质心偏置而引起的轨迹偏离现象，建立智能消防灭火机器人动力学模型，建立基于 PID 的轨迹纠偏控制策略。在 RecurDyn 环境下建立消防灭火机器人虚

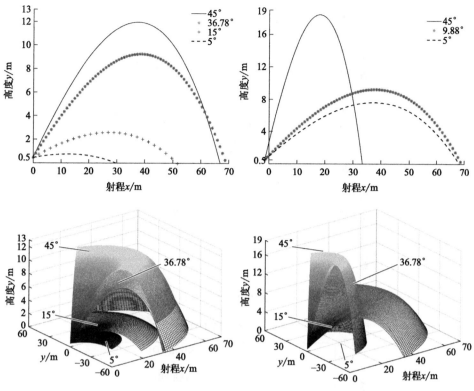

图 13-8　水炮射流轨迹工作空间

拟样机，并通过 MATLAB/Simulink 与 RecurDyn 联合仿真，对机器人的偏航值、质心垂直位移、质心速度和加速度等方面进行比较，验证轨迹纠偏动力学控制模型的正确性，控制系统流程如图 13-9 所示。

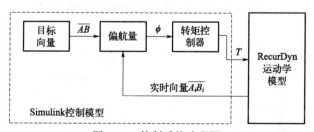

图 13-9　控制系统流程图

　　通过对比，使用 PID 纠偏控制策略后，机器人在越障时，质心在垂直方向上的位移变化幅度较使用前降低了 13.9%，质心速度的波动范围较使用前降低了 25.2%，方差值降低了 26.2%；加速度波动范围较使用前降低了 38.9%，均值较使用前降低了 51.2%，更好保持车身稳定性，实现平稳越障（图 13-10）。

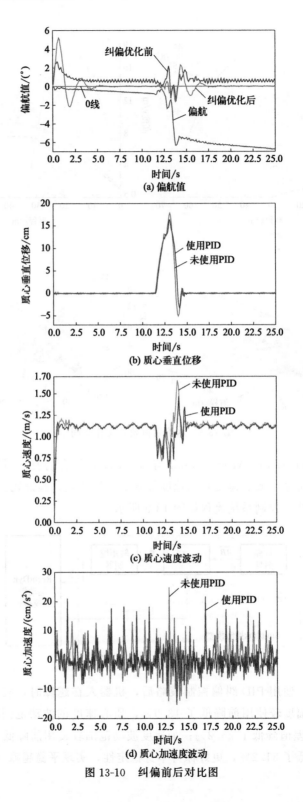

图 13-10　纠偏前后对比图

13.2　高效安全救援执行机构设计分析

（1）轮履复合式消防救援机器人机械系统设计

针对救援机器人在复杂环境下救援作业负载能力不足、人机交互安全性弱、均载性差、复杂地形适应能力低等问题，提出一种轮履复合式消防救援机器人，如图 13-11 所示，用于完成灾后伤员安全救起及转移任务。轮履复合式消防救援机器人主要由轮履复合式全地形移动底盘、刚柔混合多臂协作救援执行机构组成。

在伤员安全救援转运方面，基于人机工程学以及仿生学原理，设计了一种刚柔混合多臂协作救援执行机构，如图 13-12 所示。该执行机构综合考虑人体尺寸及舒适度、机构作业空间以及平衡性能等因素，基于人体侧向和水平外形尺寸参数进行设计，具有较好的人机交互作业能力，解决了人体无自承性的问题。设计一种外柔内刚

图 13-11　轮履复合式消防救援机器人整体方案

可折叠式救援机械臂，满足人体救援的大载荷与高安全性要求，能够实现对伤员的安全救起，填补了国内空白。设计一种轮履摆臂复合式全地形移动底盘，如图 13-13 所示，解决了救援机器人在平坦度差别极大的不同路况下具备高效移动性能的问题，提高了救援任务效率。轮履复合式消防救援机器人可用于消防、地震、石油化工等多种灾害下的救援，其应用范围更广、应用前景向好，其技术处于国际消防救援机器人领域中上水平。

图 13-12　刚柔混合多臂协作救援执行机构方案

（2）轮履摆臂复合式全地形移动底盘性能分析

根据救援机器人在不同路况下稳定运行的任务要求，对移动底盘爬坡稳定性进行分析。基于机器人前、后摆臂，机器人总质心位置会发生变化的情况，对全地形移动底盘质心坐标的变化进行研究，如图 13-14 和图 13-15 所示；研究全地

图 13-13　轮履摆臂复合式全地形移动底盘

形移动底盘在坡上正向运动能力和横向运动能力，找出移动时坡度与机器人摆臂摆角关系，并建立单侧履带上坡时牵引力、驱动力矩等的数学关系式，如图 13-16 和图 13-17 所示。

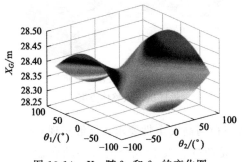

图 13-14　X_G 随 θ_1 和 θ_2 的变化图

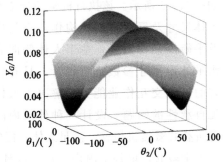

图 13-15　Y_G 随 θ_1 和 θ_2 的变化图

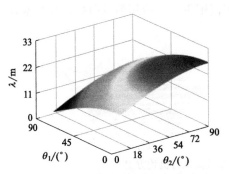

图 13-16　正向移动时坡度与摆臂关系

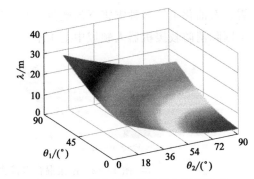

图 13-17　横向移动时坡度与摆臂关系

对轮履复合式全地形移动底盘机器人跨越台阶过程进行分析（图 13-18）。机器人遇到台阶障碍时，前摆臂首先与台阶接触，后摆臂姿态任意，借助前摆臂摆动将机器人抬起；此后，机器人后摆臂逆时针摆动，将机器人主体抬高一定高度，同时借助履带上的履刺对台阶的抓爬力，使得机器人向前运动；当机器人运动到后摆臂与台阶外角线接触时，先将前摆臂放平，然后令机器人继续向前运动，同时将后摆臂收起至水平位置。至此，机器人完成对台阶的跨越。

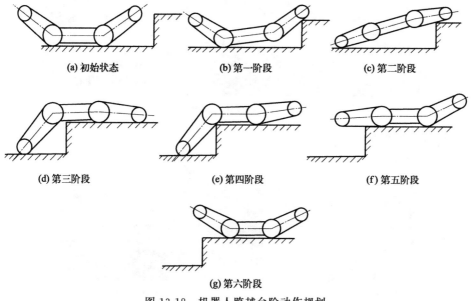

(a) 初始状态　　　　　(b) 第一阶段　　　　　(c) 第二阶段

(d) 第三阶段　　　　　(e) 第四阶段　　　　　(f) 第五阶段

(g) 第六阶段

图 13-18　机器人跨越台阶动作规划

对于越障的每一阶段，根据摆臂摆动的角速度得到每一时刻前、后摆臂对应的摆角 θ_1 与 θ_2 和主体倾角 γ，再根据几何关系可求出后驱动轮圆心与台阶外角线间的水平距离 x，将这四个参数代入到各方程组中，求出每一阶段下的 N_1、N_2 和 F_{r1}、F_{r2}，进而求出各阶段所需的摆臂驱动力矩。

(3) 轮履复合式消防救援机器人样机研制

对轮履复合式消防救援机器人进行样机研制，机架需具有较好的刚度并且便于其他部件安装，采用铝合金型材。刚柔混合救援机器人执行机构共有 3 组救援机械臂，每组包含 2 条镜像的机械臂，机械臂多连杆骨架采用铝型材及铝合金连接件；末端减阻机构选择高强度尼龙材料，配合主动回旋的传送带，减少机械臂与人体接触过程中的阻力；外层柔性包覆层采用硬度适中软胶材料，包裹在刚性骨架外部，空腔内充气，使人体受到的压力分布均匀，提高人机交互安全性。研制完成的救援执行机构样机如图 13-19 所示。

车体内部采用型钢搭建主体框架，外部钣金采用钢板；轮履复合式全地形移动底盘，轮式移动单元为充气式越野轮胎，增加快速移动时的抓地力和平稳性；履带行走单元和摆臂单元均采用传统的"四轮一带"结构形式，选用柔韧性更好的橡胶履带。轮履复合式全地形移动底盘的前后四摆臂采用电动液压推杆作为摆臂摆动驱动。救援机器人移动底盘样机如图 13-20 所示。

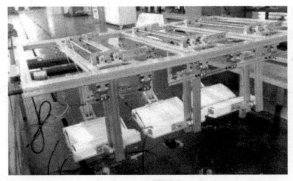

图 13-19　救援执行机构样机

(a) 底盘车架　　　　　　　　　(b) 底盘整车

图 13-20　救援机器人移动底盘样机

轮履复合式消防救援机器人整体样机如图 13-21 所示。

图 13-21　轮履复合式消防救援机器人整体样机

13.3　现实环境下消防救援机器人系统测试与评估

搭建了智能消防灭火机器人、轮履复合式消防救援机器人、智能消防步行机器人于一体的测试平台，融合所开发的智能决策系统，构建了火灾模拟现场，对现实环境下智能消防灭火机器人的灭火性能、轮履复合式消防救援机器人高效安全救援能力、智能消防步行机器人越障、承载、爬楼梯等性能进行测试与评估。

（1）智能消防灭火机器人系统测试与性能评估

利用开发的智能消防灭火机器人样机，在试验环境下开展智能消防灭火机器人运动能力测试，包括行走速度、爬楼梯和斜坡能力等试验（图 13-22～图 13-24）。在长度为 100m 的跑道进行速度测试，测试结果显示机器人的平均速度为 2.5m/s，符合指标要求。在楼梯和斜坡试验场地上测试爬楼梯和斜坡能力，机器人分别完成了攀爬 30°楼梯和 30°斜坡的试验。机器人的移动控制通过 4G 实现，控制距离完全满足技术指标的要求。

图 13-22　智能消防灭火机器人行走速度测试

图 13-23　智能消防灭火机器人爬坡能力测试

图 13-24　智能消防灭火机器人爬楼梯能力测试

　　在石油化工厂模拟火灾事故，测试智能消防灭火机器人的最大射程、消防水炮的水平回转角和俯仰角范围，如图 13-25 所示。智能消防灭火机器人连接供水系统，消防车提供灭火介质和压力，在水压为 0.8MPa 的情况下，其射程、转角和俯仰角测试结果如表 13-2 所示。

图 13-25　消防水炮检测

表 13-2　智能消防灭火机器人测试结果

检测项目	参数指标
喷射压力/MPa	0.80
流量/(L/s)	40
射程/m	66.0
最大喷雾角/(°)	95
最大仰角/(°)	+70

　　融合所开发的智能决策系统，分别在多种非结构化复杂环境中进行火源探测试验，为保证试验的安全性与检验红外热成像仪对火源的精确识别能力，采用点燃蚊香、纸屑以及酒精灯的方式来模拟火源。将红外热成像仪的触发阈值设置为110℃，当消防平台界面中出现温度超过阈值的物体，即红外热成像仪发现火源，机器人报警，双目摄像头锁定火源位置，并将火源位置标记在控制平台的地图上，当燃烧面积越大时，机器人的监测距离就越远，智能消防灭火机器人可以在

30m 的范围内有效识别火源，如图 13-26 所示。

(a) 天井巡检试验(蚊香)　　(b) 户外巡检试验(纸屑)　　(c) 楼道巡检试验(酒精灯)

图 13-26　智能消防灭火机器人火源探测

（2）轮履复合式消防救援机器人系统测试与评估

利用研制的轮履复合式消防救援机器人样机，在试验环境下开展轮履复合式消防救援机器人执行机构施救作业（图 13-27）。试验主要是模拟对处于平躺姿态的伤员进行施救，试验表明，救援机器人能够将人体模特安全救起，且有充足的施救作业空间，达到了预计效果。

图 13-27　执行机构作业能力测试

选择室外空旷平地进行轮履复合式消防救援机器人多形态行走模式的测试（图 13-28、图 13-29）。首先用长卷尺标出三段长 50m、100m、150m 的直线跑道；接着通过无线遥感控制箱人为控制机器人在设定路线上运动；计时人员全程准确地记录下行走的时间；多次测试轮式、履带式直线运动并记录下机器人移动 50m、100m、150m 距离所用的时间；计算救援机器人轮式、履带式模式下的直线运动速度。

经过多次测试，消防救援机器人在轮式模式下的直线运动速度为 0.41m/s，在履带式模式下的直线运动速度为 0.37m/s。

在试验场地设置不同倾斜角度的斜坡，测试救援机器人的攀爬能力（图 13-30）。救援机器人移动到斜坡路面进行攀爬试验，经过多次试验测得救援机器人移动底盘能够攀爬的最大斜坡角度为 30°。

图 13-28 轮式行走能力测试试验　　图 13-29 履带式行走能力测试试验

(a) 爬坡前状态　　　　　　　　　　(b) 开始爬坡状态

(c) 爬坡过程中状态　　　　　　　　(d) 爬坡结束后状态

图 13-30 救援机器人爬坡性能测试

在室外，以铝型材框架作为行走障碍，进行救援机器人越障试验。首先通过无线遥感控制箱将救援机器人移动到障碍物处，然后一边将前摆臂放下一边将机器人向前移动，当机器人爬上台阶时，将前后摆臂同时放下着地，最后缓缓地将救援机器人移动底盘向前移动直到救援机器人全部落地，试验过程如图 13-31 所示。

(a) 前摆臂越障

(b) 前车轮越障

(c) 主履带越障

(d) 主车体越障

(e) 后车轮越障

(f) 越障结束

图 13-31　救援机器人越障性能测试

参 考 文 献

[1]　熊有伦，唐立新，丁汉，等．机器人技术基础［M］．武汉：华中理工大学出版社，1996：16-25.

[2]　吕克·若兰．移动机器人原理与设计［M］．2版．谢广明，译．北京：机械工业出版社，2021：1-90.

[3]　王天威．控制之美：控制理论从传递函数到状态空间［M］．北京：清华大学出版社，2022：22-29，71-78，131-151.

[4]　郑红，吴国锐．起重臂伸缩机构原理的研究［J］．煤矿机械，2010，31（06）：69-71.

[5]　黄婷，石宇涛．移动机器人底盘结构与控制系统设计与实现［J］．现代信息科技，2022，6（21）：132-136，140.

[6]　芮宏斌，张森，闫修鹏，等．全轮转向移动底盘设计及运动控制研究［J］．机械科学与技术，2022，41（09）：1352-1361.

[7]　徐冰，郎旬旬．轮式移动底盘发展现状分析［J］．现代制造技术与装备，2018（07）：90，92.

[8]　刘桓．移动机器人底盘的设计与研究［J］．机械工程师，2017（08）：71-73.

[9]　侍才洪，刘宗豪，康少华，等．新型轮履复合式移动底盘设计与分析［J］．制造业自动化，2014，36（07）：15-19.

[10]　陈骏．移动机器人通用底盘设计与研究［D］．杭州：杭州电子科技大学，2012：19-25.

[11]　王超星．全地形移动机器人机械结构及控制系统设计［D］．北京：北京化工大学，2017：12-30.

[12]　李海利．基于仿生封闭环机理的无系留软体大负载抓持机器人［D］．秦皇岛：燕山大学，2021：2-9.

[13]　柳春烨．基于仿生吞食原理的大负载软体抓持装置设计与分析［D］．秦皇岛：燕山大学，2020：3-7.

[14]　张秋菊．机电一体化系统设计［M］．北京：科学出版社，2016：76-93.

[15]　汪岑楼．智能传感器技术及其在汽车电子技术中的应用分析［J］．时代汽车，2023（05）：151-153.

[16]　李特．基于多传感器技术的工业机器人应用研究［J］．电子元器件与信息技术，2022（9）：1-3.

[17]　姚海杏．传感器技术在机械电子行业中的应用［J］．现代制造技术与装备，2022（5）：1-8.

[18]　方义星．基于蓝牙技术的智能传感器的研究［J］．中小企业管理与科技（中旬刊），2015（3）：2-5.

[19]　鲍小娟，曹树伟．蓝牙技术浅析［J］．中小企业管理与科技（中旬刊），2013（12）：2-8.

[20]　李杨．WiFi技术原理及应用研究［J］．科技信息，2010（2）：4-5.

[21]　韩薇薇．基于ZigBee技术的无线网络应用研究［J］．信息记录材料，2022（10）：3-5.

[22]　李欣，王耀宾，杨华．基于nRF401的无线通讯系统及应用［J］．科技信息（科学教研），2007（12）：1-6.

[23]　司文展．智能全向移动平台的结构设计及运动控制系统研究［D］．连云港：江苏海洋大学，2022：8-18.

[24]　彭涛．四轮全向移动机器人轨迹跟踪智能控制［D］．重庆：重庆大学，2019：9-12.

[25]　李国涛．轮式机器人运动控制及路径规划［D］．马鞍山：安徽工业大学，2019：9-20.

[26]　高文轶，路敦民．轮式全向移动机器人运动方案与稳定性分析［J］．林业机械与木工设备，2019，47（03）：12-18.

[27]　李忠政．全向四轮移动机器人自主导航系统的研究［D］．青岛：青岛理工大学，2018：30-45.

[28]　王慰军，杨桂林，张驰，等．四轮式全向移动机器人设计［J］．中国工程机械学报，2016，14（04）：327-331.

[29] 徐杰，宗光华，于靖军，等．用于复合加载的异形虎克铰设计与分析 [J]．机械设计与研究，2012，28（05）：1-3＋7．

[30] 谢志诚．三轮全向移动机器人运动控制研究 [D]．长沙：长沙理工大学，2010：9-10．

[31] Maalouf Elie，Saad Maarouf，Saliah Hamadou．A higher level path tracking controller for a four-wheel differentially steered mobile robot [J]．Robotics and Autonomous Systems，2005，54（1）：23-33．

[32] 孙培．六足仿生机器人控制系统研究 [D]．南京：南京林业大学，2010：22-40．

[33] 储忠，阮坚实．仿生机器人步态规划与控制系统设计 [J]．合肥工业大学学报（自然科学版），2008（05）：740-743，748．

[34] 马光．仿生机器人的研究进展 [J]．机器人，2001（05）：463-466．

[35] Bernhard Klaassen，Ralf Linnemann，Dirk Spenneberg，et al．Biomimetic walking robot SCORPION：Control and modeling [J]．Robotics and Autonomous Systems，2002，41（2-3）：69-76．

[36] 杨秋黎，姜文波．多足仿生机器人的设计与实现 [J]．计算机产品与流通，2017（12）：111-112．

[37] 蔡卫国，李莉．基于仿生学的四足行走机构优化设计 [J]．大连交通大学学报，2009，30（02）：30-33．

[38] 高扬，夏洪垚，许豪，等．基于 GPS 与地图匹配的移动机器人定位方法 [J]．机床与液压，2021，49（03）：1-5．

[39] 张军，韦鹏，王古超．基于 ROS 的全向移动机器人定位导航系统研究 [J]．组合机床与自动化加工技术，2020（06）：119-122．

[40] 崔峰，张明路，丁承君，等．基于 GPS/GIS/GSM 的移动机器人定位技术研究 [J]．微计算机信息，2005（11）：99-100＋55．

[41] 余晓兰，万云，陈靖照．基于双目视觉的机器人定位与导航算法 [J]．江苏农业科学，2022，50（06）：154-161．

[42] 易文泉，赵超俊，刘莹．移动机器人自主定位与导航技术研究 [J]．中国工程机械学报，2020，18（05）：400-405．

[43] 欧为祥，陆泽青，朱达群，等．基于激光雷达的移动机器人室内定位与导航 [J]．电子世界，2019（23）：144-145．

[44] 刘宾，伏磊，王一琛，等．关于电力巡检机器人的研究 [J]．电工技术，2022，564（06）：3-5，9．

[45] 袁世豪，欧阳峰，黄文壮，等．轮式电力巡检机器人控制系统设计与实现 [J]．今日制造与升级，2021，141（11）：41-42．

[46] 顾鑫新．地面电力巡检机器人控制系统设计与测试 [J]．信息与电脑（理论版），2022，34（11）：1-4．

[47] 龚森，刘年，蒋健．一种电力巡检机器人控制系统设计与实现 [J]．信息技术，2020，44（03）：159-162．

[48] 王炎，周大威．移动式服务机器人的发展现状及我们的研究 [J]．电气传动，2000（04）：3-7．

[49] 李晓锟．全向移动光伏清扫机器人的设计及其控制系统研究 [D]．杭州：浙江大学，2022：14-20．

[50] 徐金．消防机器人视觉定位与导航避障研究 [D]．徐州：中国矿业大学，2022：44-51．